U0393300

神奇的世界系列

气象万花筒

插图版

朗悦洁　编著

版 武汉出版社
WUHAN PUBLISHING HOUSE

（鄂）新登字 08 号

图书在版编目 (CIP) 数据

气象万花筒 / 朗悦洁编著 . –– 武汉：武汉出版社，
2015.5（2018.10 重印）
ISBN 978–7–5430–8969–3
Ⅰ.①气… Ⅱ.①朗… Ⅲ.①气象学 – 青少年读物
Ⅳ.① P4–49
中国版本图书馆 CIP 数据核字（2015）第 028421 号

书名：气象万花筒

编 著：朗悦洁
本书策划：李异鸣
特约编辑：周乔蒙
责任编辑：朱纪新
封面设计：华夏视觉
出 版：武汉出版社
社 址：武汉市江岸区兴业路 136 号 邮 编：430014
电 话：(027)85606403 85600625
http://www.whcbs.com E-mail：zbs@whcbs.com
印 刷：北京市文林印务有限公司 经 销：新华书店
开 本：787mm × 1092mm 1/16
印 张：10.25 字 数：151 千字
版 次：2015 年 5 月第 1 版 2018 年 10 月第 2 次印刷
定 价：49.80 元

版权所有·侵权必究
如有质量问题，由承印厂负责调换。

前　言

　　暴雨、闪电、冰雹、龙卷风、沙尘暴……这些景象让你惊心动魄。看到这些天空景象时，你的脑海中有没有想过为什么，有没有想去探索个中的奥妙？

　　你知道吗？千百年来，地球的面貌一直在发生着巨大的变化，高山隆起，海洋下况，这到底是怎么回事？

　　你知道云彩多姿，霞光万道，雨后彩虹，雪花飞扬，峨眉宝光，海市蜃楼……这些景象是怎么产生的吗？

赤壁之战中诸葛亮"借"东风，打败了曹操，他是怎么"借"到东风的？

气象是一门非常有趣的学问，与我们的生活密切相关。飞机起降、导弹发射、卫星发射、航天航空都与它息息相关。

说气象学充满了趣味性，因为气象中充满了匪夷所思的变化。

这本关于气象的小百科全书，它将带你走进奇妙无穷的风云世界——雨城、雾都、雪屋和极昼极夜之地的奇风异景，去探寻万千气象的真实面目。

翻开这本书，你将循着神秘气象的发生地，看到多姿多彩的云霞、耀眼灿烂的闪电、漫天飞舞的雪花、虚无缥缈的海市蜃楼……无数的自然现象扮演成一个个生动而鲜明的角色，上演一幕幕奇趣横生的动画片。

探索气象的奥秘，不仅仅是科学家的责任，也是孩子们的功课。

目录

第一章　走进妙趣横生的气象世界

不走寻常路——闪电是怎么走路的

星期天的早晨，凯凯早上醒来，听到轰隆隆的声音从天边传来，他发现窗外有点暗，他赶忙告诉妈妈："天阴了，要下雨了。"妈妈笑着说："不是要下雨了，是下雨了。"

突然间一道亮光在不远处闪现，随即听到一阵惊雷声，他马上退回卧室，扑到妈妈怀里："妈妈我怕，好长的闪电，它是怎么来的？"他指着远处的闪电。只见远处正在闪烁着的闪电有的是非常明亮的白色，有的是粉红色，还有的是淡蓝色的亮线，就像悬挂在天空中的一棵主干曲折、枝杈纵横的大树。

妈妈说："凯凯所说的闪电是大自然中一种常见的现象，是云与云之间、云与地之间或者云体内各部位之间的强烈放电现象，一般发生在积雨云中。"

妈妈的话激发了凯凯的好奇心，"妈妈，闪电是怎么从天上来到地上的？它的形状好奇怪。"

闪电是正、负两种电荷相互吸引所产生，积雨云通常会产生电荷，云朵下部分产生负电，上部分产生正电，同时还在地面产生正电荷，寸步不离地跟着云移动。正电荷和负电荷彼此相吸。然而，空气不是良好的传导体，不能够为它们提供相遇的道路。然后，正电荷沿着树木、山丘以及高大的建筑物的顶端，企图和带有负电的云层相遇。云层中的负电荷则向下伸展，越向下伸越接近地面。最终正、负电荷终于找到了途径连接在一起。正、负电荷相遇会发生反应，巨大的电流会沿着一条传送的途径从地面直向云涌去，闪电也便出现了。

　　闪电的行走道路多种多样，常见的有线状闪电，也叫枝状闪电，以及片状闪电。线状闪电或枝状闪电是人们常见的一种闪电形状，体现为耀眼的光芒和很细的光线。整个闪电好像横向或向下悬挂的枝杈纵横的树枝，线状闪电的一个特征是携带有较大的电流强度，平均可以达到几万安培①，在少数情况下可达20万安培。这足以毁坏大树，引起火灾，甚至还会伤人。

　　片状闪电看起来像是在闪光。这种闪电经常在降水快要停止时出现，是一种较弱的放电现象，也有人认为是云内闪电被云滴遮挡而造成的散射光。

　　还有一种形状是球状闪电，这是一种十分罕见的闪电形状。它出现的时候

———————————

①安培：电流的国际单位。

像一团火球，有时还像一朵很大的菊花。它约有篮球那么大，偶尔也会出现直径几米甚至几十米大小。

科学家研究发现，一道闪电的长度大约有数百米，最短的为100米左右，但最长可达数千米。另外，闪电的温度很高，从摄氏17，000度至28，000度不等，比太阳表面的温度还要高。闪电的高温使它周围的空气剧烈膨胀，导致空气移动迅速，因此形成波浪并发出声音。如果距离闪电近，听到的就是刺耳的爆炸声；如果距离闪电远，听到的则是隆隆声。

听完妈妈的讲述，凯凯问："那刚刚的闪电距离我们有多远呢？"

妈妈说："这个很简单，我们可以测量一下。"

凯凯摇摇头，"我们家里没有那么长的尺子，怎么测量啊？"

聪明的小读者，你知道如何测量吗？

奇趣小知识：

伴随闪电出现的是雷声。你在看见闪电之后可以开动秒表，听到雷声后即把它按停，然后用所得的秒数乘以340，因为声音在空气中的传播速度约为340米/秒。例如，在看到闪电3秒钟之后听到雷声，就用3×340米，答案是1020米，即可知道闪电距离你大约1020米。

借东风——风神的布口袋

到了收获季节，凯凯跟着爸爸到乡下帮助爷爷干活。在爸爸的帮助下，地里的各种农作物都收了回来，囤积在场院里。场院里放满了收割来的谷物，大都是和秸秆连在一起的。在经过一段时间的晾晒、打场之后开始扬场。打场是用滚石之类的工具将晒干的谷物反复滚、压、碾、打，使粮食与秸秆和粮糠分开。接下来就是扬场，借助风力将玉米和稻谷之类的农作物从泥沙和粮糠中分离出来。

爷爷抬头看了看树梢，说："现在没有风，要等一下。"

迫不及待要看扬场的凯凯很不理解，他问："爷爷，为什么现在不扬场，还要等一下？要等什么？"

爷爷笑了笑，"等风神来了，问神仙借点风。"

这引起了凯凯的兴趣，风还能够借？向谁借？他拉住爷爷要问个究竟。

爷爷口中的风指的是一种自然现象，它是由太阳辐射热引起的空气的水平运动。以能够直观看到的水流为例，在古代大诗人李白写了一句描写瀑布的诗句：飞流直下三千尺，疑是银河落九天。这里的水会流动，正是因为庐山香炉峰山上、山下水位差大，水从山上流下来时，就形成了壮观的瀑布景观。

风的形成和瀑布的形成原因有相似之处。瀑布是由于地势的高低不同而产生的水位差造成的。风虽然是看不见摸不到的空气，同样也有压力的不同。由于空气压力有的高有的低，空气会从气压高的地方流向气压低的地方，由此便

产生了风。瀑布的形成需要"位差",风的形成需要"压差",没有"差"两者都不会产生。

凯凯听完后点点头,"你说的借风要怎么借?问谁借?"

爷爷继续说道:由于各地的地理环境、地理位置不同,太阳的照射点不一样,由此造成的气压也就不一样。气压高的地方流向气压低的地方,由于气压差能促使空气流动,产生大小不同的风。

和水流的速度快慢一样,风也有大、小之分。以水流为例,坡度较陡的地方水流就快,坡度较缓的地方水流就慢;风同样如此,压力差较大的地方风就大,压力差较小的地方风就小。同样,风也有方向,风速一般用米/秒来表示。

城市风的形成

由郊区流向市区

热

由郊区流向市区

郊区　　　　　　　　　市区　　　　　　　　　郊区

近地面空气的受热或冷却 ➡ 引起气流的上升或下沉运动 ➡
导致气压的差异 ➡ 大气的水平运动

爷爷口中所谓的借风,是指利用温差所产生的风。傍晚由于没有阳光照射,温度相对中午要低,于是产生昼夜温差,使地表产生压力差,使空气对流,所以就产生了风。

果然,在天气凉爽下来之后,呼呼的风就刮起来了。爷爷和爸爸就忙了起来，爷爷是一把好手，半个小时之后，杂质与粮食就界限分明、各归各位了。上风头最远处的是体积较大重量最重的石块，再近一点的是重量较重的沙粒，再近一点的是饱满的粮食，更近一点的是较成实的粮食，后面是瘪秕的粮食，最后就是粮糠了。

奇趣小知识：

　　下面是一首风级歌，明白了之后就可以判断风的级别：零级烟柱直冲天，一级青烟随风偏，二级轻风吹脸面，三级叶动红旗飘，四级枝摇飞纸片，五级带叶小树摇，六级举伞步行艰，七级迎风走不便，八级风吹树枝断，九级屋顶飞瓦片，十级拔树又倒屋，十一二级陆上很少见。

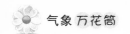

雷震子——雷公凿凿出的雷声

凯凯在电视机前津津有味地看电视剧《封神榜》，看到雷震子左手拿雷公凿右手拿雷公锤出现在敌军面前，当锤击在凿上，立刻会发出雷鸣般的声音，而凿体会发出和闪电类似的高温光芒，面对眼前这一幕，凯凯高兴得手舞足蹈。

他转过头对正在熨烫衣服的妈妈说："妈妈，我要是有个雷公凿和雷公锤该有多好，看到坏人就用雷公凿凿出雷击倒他。"

妈妈笑了，问："你知道那雷声是怎么出来的吗？"

凯凯回答说："是雷公锤与雷公凿撞击时产生的。"

妈妈摇摇头，回答说："那只是神话故事，现实中可不是这样的。"

接下来，妈妈将关于雷的知识告诉了凯凯。

雷电是天气现象之一。前面提到闪电是雷雨云体内各部分之间或云体与地面之间，因带电性质不同形成很强的电场的放电现象。在这个过程中，由于闪电行走的"道路"太狭窄而电流太多，这就导致闪电"道路"中存在的空气被烧得白热发光，并使周围空气受热而突然膨胀，其中云雾也会因为突然的高温而瞬间汽化膨胀，导致空气像被撕裂一般，从而发出巨大的声响——雷声。

由于产生雷声的地点不同，又可以将雷分为高空雷和落地雷。高空雷指在云体内部与云体之间产生，落地雷指在云地闪电中产生的雷。一般而言，落地雷的声音比较响，而且特别频繁，几乎每一秒钟都伴随着闪电。

　　除了高空雷和落地雷之外，还有一种低沉而持久的隆隆声，有点儿像推磨时发出的声响。人们常把它叫作"拉磨雷"。

　　关于雷声，还有一种说法，认为雷声是在高压电火花的作用下，由于空气和水分子分解而形成的爆炸瓦斯发生爆炸时所产生的声音。雷鸣的声音在最初的十分之几秒时间内，跟爆炸声波相同。这种爆炸波扩散的速度约为5000米／秒，在之后0.1～0.3秒钟，它就演变为普通声波。

　　关于高空雷和落地雷的特征：高空雷因为处于云中，在传播过程中被云多次反射，在爆炸波分解时，又产生许多频率不同的声波，它们互相干扰，使人们听起来感到声音较小。而落地雷产生的声音直接传到人的耳朵里，声音清脆，像爆炸声一样。

　　拉磨雷是长时间的闷雷。雷声被拖长是因为声波遇到山峰、建筑物或地面时，会产生反射。有的声波要经过多次反射。这多次反射有可能在很短的时间间隔内先后传入我们的耳朵。这时，我们听起来，就觉得雷声沉闷而悠长，有如拉磨之感。

听完了这一切，凯凯点点头："原来雷声是这么来的，那雷声有没有危害呢？"

妈妈摇摇头说："闪电对建筑物和人的危害最大，而雷声则不会对人产生危害。"

 奇趣小知识：

常听人说雷声大雨点小，这是有条件的，谚语说"先雷后雨，等于没雨"，雷电主要形成于积雨云中，积雨云形成的一次雷阵雨一般只能持续1~2个小时。当你先听到雷声时，降雨区域很可能离你还远，还没等云飘到你的上空雨就结束了。

树神仙——大树也能预报天气

凯凯放学回到家里就忙开了，跑到爸爸的书房又是查找资料，又是测量又是计算的。

爸爸问："凯凯，你忙什么呢？"

凯凯回答说："老师布置了作业，让我们每人去了解一种大自然奇趣的现象，我们小组分到的是关于植物的，我在找资料呢。"

爸爸明白了，说："我带你到外面去转转，说不定你就能够发现了。"

凯凯放下了资料，跟着爸爸到小区的花园去，走到一排柳树旁停住了。柳枝上缀满绿色的叶子，翠绿翠绿的，一阵微风拂过，枝条轻轻摆动，一片片叶子在枝头轻舞，像一叶叶扁舟在水中荡漾。

爸爸仔细地看了看柳叶，回过头对凯凯说："阴雨天气就要来了。"

凯凯问："你怎么知道的？"

爸爸笑着说："柳叶告诉我的！它可是会预报天气的！"

凯凯睁大了好奇的眼睛，柳叶真的能够预报天气吗？

在大自然中，很多植物都能够预报天气情况，柳树就是其中之一。柳叶的颜色正常是翠绿色的，如果发现柳叶变成白色，就预示着阴雨天气将会来临。柳树怎么会具有准确预报天气的能力呢？

其实，仔细观察就会发现，并非柳叶的颜色变白了，而是柳叶在阴雨天前会全部反转过来，而柳叶的反面是浅绿色的，表面还带一层"白霜"。这里问题又出现了，柳叶为何会在阴雨天气前反转过来呢？

科学家通过研究发现，柳叶能预报天气的秘密是，柳树的叶子对湿度比较敏感，当空气湿度增加到一定程度时，柳叶就会萎缩，呈现卷曲状，将表层紧紧地包起来；而当空气湿度减小时，柳叶又会慢慢地展开。有一些有经验的老农在出远门之前，总是要看一下柳叶，如果柳叶没有改变颜色，短期内就不会下雨；如果柳叶变白，就预示着将会下雨。因此，民间有"柳树叶儿发白，天将阴雨"的说法。

其实，在大自然中除了柳叶之外，还有很多植物能够预测天气变化。在我国西双版纳地区生长着一种很有趣的花。西双版纳的特殊地理位置，很容易突

降暴雨。这种花能够准确预测暴风雨，当暴风雨将要来临时，便开放出大量的花朵，当地人根据它的这一特性，称呼它"风雨花"。风雨花又叫红玉帘、韭莲，它的叶子呈扁线形，很像韭菜的长叶，弯弯悬垂；鳞茎呈圆形，非常美丽。它春夏季开花，花为粉红色或玫瑰红色。

那么，风雨花为什么能够预报风雨呢？原来，在暴风雨到来之前，外界的大气压降低，天气闷热，植物的蒸腾作用增大，使风雨花贮藏养料的鳞茎产生大量促进开花的激素，促使它开放出许多的花朵。

除此之外，在我国广西忻城县龙顶村，生长着一棵100多年树龄的青冈树，它的叶片颜色随着天气变化而变化：晴天时，树叶呈深绿色；久旱将要下雨前，树叶变成红色；雨后天气转晴时，树叶又恢复了原来的深绿色。当地居民根据树叶的颜色变化，便可知道是阴天还是晴天，人们称它为"气象树"。

科学家经过研究，揭开了这棵青冈树的叶色变化能预报天气之谜。原来，树叶中除了含有叶绿素之外，还含有叶黄素、花青素、胡萝卜素等。叶绿素是叶片中的主要色素，在大树生长过程中，当叶绿素的代谢正常时，便在叶片中占有优势，其他色素就被掩盖了，因此叶片呈绿色。由于这棵青冈树对气候变化非常敏感，在长期干旱即将下雨前，常有一段闷热强光天气，这时树叶中叶绿素的合成受到了抑制，而花青素的合成却加速了，并在叶片中占了优势，因而树叶由绿变红。当雨过干旱和强光解除后，花青素的合成又受到抑制，却加速了叶绿素的合成，这样叶色又恢复了原来的深绿色。

听完了爸爸的讲述，凯凯大呼惊奇，他说："我一定要将这些资料整理下来，完成老师布置的作业。"

 奇趣小知识：

　　很多植物都能够准确地预报天气预报，只要你细心观察，家庭中常种的花也能够准确地测试家中的干燥、潮湿度。

七十二变——神通广大的云彩

凯凯报了美术特长班，每天都跟随老师学习画各种东西。这天，老师布置了一项作业，让他画天上的云彩。

放学后，凯凯坐到了小区的长凳上，抬头看了看天上的云彩，他看准了其中一朵看起来非常像兔子的云彩很认真地画起来。不一会儿，等他抬头再看的时候，发现云彩已经在不知不觉之间改变了形状。

一开始，凯凯觉得是自己看花了眼，他再次找准了看起来像马儿的白云画起来，不一会儿，他发现这朵长得像马儿的白云也改变了形状。

"难道云彩会七十二变，说变就变？"带着这个疑问，凯凯找到了妈妈。

在妈妈的解释下，凯凯明白了白云在不知不觉之间改变形状的秘密。

天上的云不时在改变形状，有时候虽然不容易被察觉，但过一会儿再抬头一看，云的形状大大改变，甚至面目全非了。

经过气象学家的研究，云的形状发生变化大致可分为两种情况：一种是云彩本身的改变，它是由大气中的干湿程度、风的结构以及温度决定的；另一种是由于我们的视野问题造成的，它只是发生了移动，新的云彩进入我们的视线从而造成了错觉。

生活中，由于大气中的温度和干湿程度以及风的结构造成的云彩改变形状比较常见，例如由小块的积云发展成为七八千米厚的积雨云。再例如在傍晚由于温度下降，上升气流减弱，会渐渐形成层积云。

后一种的情形也很常见，是由于我们的视野问题造成的。例如，天空原来是透明的卷层云，由于大气的运动影响，卷层云出现变动，卷层云移出，灰暗的高层云移入，同时由于太阳或者月亮作为参照物，导致的结果是只能看到云彩在移动，多半是云彩正在聚集。

在现实中，恰恰是云彩的这两种原因的移动，人们才能根据云彩的变化，来判断天气的变化情况，比如是否会降雨，是否会刮风，预测将来的天气是怎么样的。例如云层变厚，云层变低，预示着天气将要转阴，甚至会出现降雨。反之，云层变薄，云底升高，是天气晴朗的象征。

几千年以来，勤劳的劳动人民在和大自然的斗争中，经过长时间对云层变化的观察，积累了丰富的经验，并且用生动的语言编成谚语，来预测天气情况，以服务于生活生产。

奇趣小知识：

白云是不容易打雷的，这是因为云少，不易摩擦带电；而乌云相反，带电多，也就容易打雷。

瑞雪兆丰年——瑞雪为何能兆丰年

凯凯到姥爷姥姥家过春节。

大年二十九的晚上，天上飘起了雪花。第二天早晨起床后，地上已经覆盖了一层很厚的雪，这给出行带来很大的不便。

但姥爷却乐呵呵地说："看来明年又是一个丰收年！"

凯凯问："姥爷，你怎么知道明年是丰收年？"

姥爷说："冬天麦盖三层被，来年枕着馒头睡。"

凯凯不理解姥爷说的话的意思，转而去向爸爸求助，在爸爸的讲解下，凯凯明白了这句话的意思。

在大雪过后，天气会比较寒冷，出现酷寒天气，并且会发生严重的霜冻。然而庄稼却不怕冷，因为它上面堆积着厚厚的一层雪，而雪本身是很松软的，里面藏了许多不流动的空气，空气是不传热的，就像给庄稼盖了一条棉被，外面天气再冷，地表面的温度也不会降得很低。等到寒潮过去以后，天气渐渐回暖，雪渐渐融化。这样，非但保住了庄稼不会受到冻害，而且雪融下去的雪水停留在地层里面，可以满足庄稼的饮水需求。

我们知道，冬天穿厚厚的棉袄会非常暖和，穿棉袄为什么暖和呢？这是因为棉袄里面的棉花的孔隙度很高，这些孔隙里充填着许多空气，空气的导热性能很差，这层空气阻止了人体的热量向外扩散。同样，在庄稼表层的积雪和棉花很接近，雪花之间的孔隙度很高，就是钻进积雪孔隙里的这层空气保护了地面温度，使它不会降得很低。

当然，还有一个原因不可忽视，积雪的保温功能会随着它的稠密度而随时变化。这很像穿着新棉袄特别暖和，旧棉袄就不太暖和的情况。新雪的稠密度低，贮藏在里面的空气就多，保温作用就显得特别强。陈雪呢，像旧棉袄似的，空隙稠密度高，贮藏在里面的空气少，保温作用就弱了。

除此之外，雪中还含有丰富的庄稼成长所需的微量元素。经过科学家的研究，雪中所含的氮化物是正常雨水的五倍。在雪融化时，这些氮化物被融化的雪水带到土壤中，成为很好的肥料。

除此之外，冬天下大雪还有一个好处，雪融化时会耗掉不少热量，使土地表层的温度降低，将土壤表面的害虫和虫卵冻死。

不过需要注意，冬雪对我国北方地区的主要农作物是非常有利的；对我国南方地区来说，冬天下大雪则是一场灾难。幸运的是，小麦在南方的种植比较少。

奇趣小知识：

　　很多时候我们听到别人说起睡雪窝，在我们的感觉中这样做可能会很冷，但其实并不是这样的。雪本身给人的感觉是很凉，但雪的内部却十分暖和。睡在雪窝里，甚至和睡在被子上的感觉是差不多的。

头发魔力——发丝也可以测湿度

凯凯参加了兴趣小组，在老师的带领下参观了学校周围的气象站。

刚走进气象站的院子门口，就看到了一个观测场地，不仅有草绿花香的美景，还有很多非常奇怪的观测设备。

凯凯看到了一个白色的大箱子，里面堆放着各式各样的温度表。凯凯问："这里怎么会有那么多的温度表？都是干什么用的？"

气象员介绍说："这个是百叶箱，是一种防护设备，防止太阳对这些仪器的直接辐射和地面对仪器的反射辐射，保护仪器能够正常工作。至于这些温度计，它们每个的用处都不一样。最常见的主要有五条温度计，分别是悬挂的，左边是干球湿度表，中间是毛发温度表，右边是湿球湿度表。下面横着放的两个，上面的是最高温温度表，下面的是最低温温度表。"

凯凯一眼发现了一个新鲜的东西，两根湿度计中间的毛发温度表的中间紧绷绷拴着一根竖直的头发。

凯凯觉得很奇怪，问："这是干吗的？"

气象员介绍说："这是毛发湿度表，它是用人的头发来测量空气湿度的，它所测出的数值最直观，能够对干球湿度计和湿球湿度计测出的数值进行订正，得出最准的湿度。"

凯凯继续问："为什么用头发能够测量空气湿度呢？"

在生活中，我们常常能够感觉到，当天气潮湿的时候，人的皮肤会比较湿

润；在天气干燥的时候，皮肤就会收缩干燥。这是因为人的皮肤是纤维组织，其中有许多毛细孔。当空气湿度大的时候，毛细孔内的水分就会增加，使纤维伸长；空气湿度减小的时候，纤维就会缩短。头发也是纤维组织，同样会因为湿度的高低而伸缩，而且头发经过加工处理之后，灵敏度较高，性能也较稳定，所们通常用头发来制造湿度测量计。

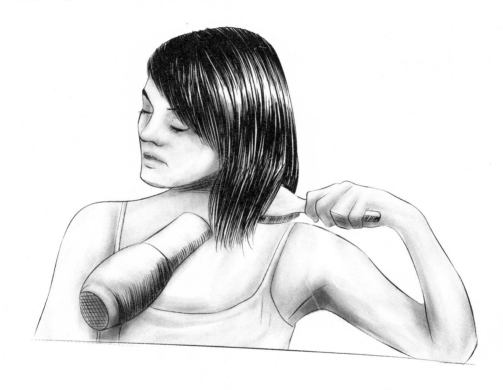

其实，我们也可以利用头发制造一个简易的测量空气干湿度的仪器，步骤如下：

一、取一根长25厘米左右的头发，放在碱水里洗去头发上的油脂；

二、将清洗干净的头发放在干燥通风的地方，将它吹干；

三、将头发的一端固定在一块木板的上方，另一端固定在铁片做成的指针中，指针的一端放在木板上，但指针可以上下移动；

四、在指针尖端的一边划一些刻度，这样就可以用来测量湿度了。

将简易的空气湿度测试器放在阳台上，如果指针上移，说明头发中的纤维组织收缩，湿度小，天气晴朗；指针下移，说明湿度增加，天气要转阴雨了。

听完了气象员的讲解，凯凯已经计划着要在家里放置一个简易的空气湿度测试器了。

聪明的小朋友们，你们知道为什么百叶箱的颜色是白色的吗？

奇趣小知识：

　　百叶箱之所以是白色的，是因为白色的表面反射所有光。这样就可以使百叶箱内保持较低的温度，测量结果较准确。如果漆成黑色或者其他颜色，就会因为吸收光导致百叶箱内温度升高，测量结果就会不准确。

雨师降雨——降雨的是龙王还是雨师

　　凯凯从学校的图书馆借到神话故事《西游记》，看得津津有味。当看到美猴王去向龙王借雨的情节时，他想到一个问题：降雨的是龙王还是雨师？因为他在这本书中看到过类似的情节，但下雨的是雨师。

　　带着疑问，他去向爸爸求助，爸爸没有直接回答他，而是问他："你认为是谁？"

　　凯凯思考了一下，回答说："龙王负责下小雨，雨师负责下大雨，对吗？"

　　爸爸听完后哈哈大笑。凯凯说的是正确还是错误呢？

　　在大自然中，根本就不存在什么龙王和雨师，这两个人是神话故事中的人物。下雨是一种自然现象，地球上的水分因为受到太阳光的照射蒸发之后，会变成水蒸气被蒸发到空气中去了。比如，生活中我们晾晒的衣服会变干就是水被蒸发了。这些水跑到哪去了呢？跑到空气中了。

　　这些水蒸气在高空中遇到冷空气便会凝聚成小水滴。这些小水滴的体积都很小，直径只有0.0001~0.0002毫米，最大也只有0.002毫米。它们又小又轻，被空气中的上升气流罩在空中。我们日常生活中在天空中看到的云彩就是这些小水滴在空中聚成的。这时的小水滴还只是云彩的形状，它们若要变成雨滴降落到地面，体积还需要增大100多万倍。

　　这些小水滴是怎样使自己的体积增长到100多万倍的呢？它主要依靠两个手段：一，吸收云朵周围的雨气不断增大；二，依靠云滴的碰撞并增大。

在雨滴形成的初始阶段，主要依靠不断吸收云体四周的水汽来增加自己的体重和体积。如果云体内的水汽能源源不断得到供应和补充，使云滴表面经常处于过饱和状态，那么，这种不断增大的过程将会继续下去，使云滴不断增大，成为雨滴。有的时候云内的水汽含量有限，在同一块云里，水汽往往供不应求，这样就不可能使每个云滴都增大为较大的雨滴，有些较小的云滴只好归并到较大的云滴中去。

当云中的云滴增大到一定程度时，由于大云滴的体积和重量不断增加，它们在下降过程中不仅能赶上那些速度较慢的小云滴，而且还会"吞并"更多的小云滴而使自己壮大起来。当大云滴越长越大，最后大到空气再也托不住它时，便从云中直落到地面，成为我们常见的雨水。

由于云彩的体积有大有小，它的降雨也有大有小，有毛毛细雨，有连绵不断的阴雨，还有倾盆而下的暴雨。

听了爸爸的讲述，凯凯恍然大悟："原来下雨是这么回事啊！"

爸爸点点头，"在温度比较高的时候容易下暴雨，正是因为蒸发量急剧增大，水都被蒸发到大气中去了，云滴的体积和重量会不断增加，就会变成雨水落到地面。"

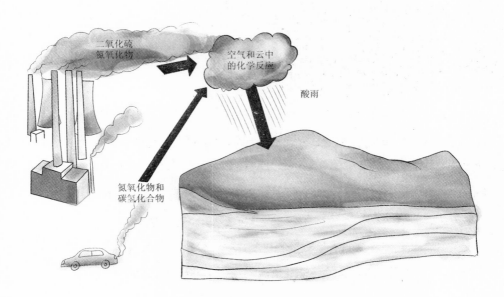

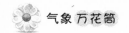

奇趣小知识：

　　生活中常常听到酸雨，这是由于人类大量使用煤、石油、天然气等化石燃料，燃烧后产生的灰尘等有害物质在大气中经过复杂的化学反应，被云、雨、雪、雾捕捉吸收，降到地面成为酸雨。为了减少酸雨，应该减少有害气体的排放。

第二章　生活中常见的气象现象

未央花——窗户也能作出美丽的画

　　在姥爷家过春节，一觉醒来发现床边的窗户上出现很多冰花，奇形怪状非常漂亮。凯凯用手摸上去感觉凸凹不平，他问爸爸："玻璃上哪里来的这么多图案？"

　　爸爸和他开起了玩笑，说："这是你夜里睡觉时，妈妈画的。"

　　凯凯转向妈妈问："真的吗，妈妈？"

　　妈妈回答说："爸爸和你开玩笑呢，这不是我画的，是它自己形成的。"

　　冬天气温较低的时候，总能够看到玻璃上出现美丽的冰花，这些图案是怎么来的呢？下面将详细地为你讲解。

　　在寒冷的冬天，人们都关紧房门和窗户在屋子里取暖。这样屋子里的温度就会升高，水就会蒸发成空气中的水蒸气，它们在空气中运动的时候，碰上冰冷的玻璃就会凝结成水滴。因为外面气温低，屋里气温高，窗户介于两者之间，就会产生凝华①。玻璃表面的光滑度不同，有的玻璃较为光滑，有的则较为毛糙；有的非常干净，一尘不染，有的玻璃上面则有很多污垢。这样，水蒸气蒙上去的时候，就会变得不均匀，有的地方水蒸气多些，冰结得厚些，有的地方水蒸气少一些，冰就结得薄些。

　　另外，由于冰的厚薄程度不同，在冰结得薄的地方会比较脆弱，容易融

---

　　①凝华：物质从气态形状不经过液态而直接变成固态的现象。

化，在冰结得较厚的地方则不容易融化，这样就更加剧了图形的多样性。

　　另外，由于水是有表面张力的，水分子和水分子之间有一种互相的拉力，它们有向水的中心团聚的倾向，荷叶上的漂亮的露珠就是这样形成的。而在玻璃窗这个平面上，一团一团的水分子也各自向自己的中心"使力"，这样用力的结果，就出现了各种形状各异的漂亮的几何图案。这些图案并不一定是五角或六角的，还可以是其他几何图案。但不管是什么图案，一定会是非常规整，非常美丽的。

　　在物理学上，这种拉力就是电子之间的相互吸引，使得分子排列非常规则。就这样，玻璃上各种各样的美丽冰花就"画"出来了。

凯凯又学到了新知识，他问："有没有办法去控制图形的形状呢？"

爸爸点点头，"当然有了，这需要你了解和掌握更多的知识才能做到。"

凯凯点点头，说："我一定要好好学习，掌握更多的知识。"

奇趣小知识：

在生活中，将冰棍从冰箱里拿出来后会看到表层有一层"霜"，这就是凝华现象。大自然中见到的霜，就是凝华现象，是水蒸气由气体直接变成固体。

七彩桥——彩虹为什么画不出圆形

有句谚语说"六月的天，孩子的脸，说变就变"，刚刚还是晴空万里，突然就下起了雨；一场大雨过后，天气又放晴了。

凯凯和爸爸一起到外面去洗车，这个时候，东方的天空升起了一道美丽的彩虹，凯凯站在那里看呆了，他从来没有看到过这样美丽的彩虹，便问爸爸："爸爸，那是什么啊？真好看。"

爸爸说："那叫彩虹，彩虹是气象中的一种光学现象，出现在雨后。雨后的天空中有大量的水汽或者雨点，当阳光照射到半空中的雨点或者水汽上时，光线被折射及反射，在天空上形成拱形的七彩的光谱。那些美丽的光谱从外到内分别是红、橙、黄、绿、青、蓝、紫。"

在气象学中，彩虹出现的条件很简单，其实只要空气中有水滴，而阳光正在观察者的背后以低角度照射，便产生可以观察到的彩虹现象。彩虹常在下午雨后刚转晴时出现。这时空气内尘埃少而充满小水滴，天空的一边因为仍有雨云而较暗。观察者头上或背后已没有云的遮挡而可见阳光，这样彩虹便会较容易被看到。

凯凯学到了新知识非常高兴，说："等会儿回到家里我要把刚刚看到的彩虹画下来，并贴在自己的书桌旁。"

爸爸问："你看到的彩虹是什么形状的？"

凯凯说："是拱形的，像桥一样。"

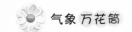

爸爸摇摇头。难道彩虹不是拱形的吗?

彩虹是因为阳光射到空中接近圆形的小水滴造成色散及反射而成。阳光射入水滴时会同时以不同角度入射,在水滴内亦以不同的角度反射。当中以40至42度的反射最为强烈,形成我们所见到的彩虹。形成这种反射时,阳光进入水滴,先折射一次,然后在水滴的背面反射,最后离开水滴时再折射一次。因为水对光有色散的作用,不同波长的光的折射率有所不同,蓝光的折射角度比红光大。由于光在水滴内被反射,所以观察者看见的光谱是倒过来的,红光在最上方,其他颜色在下。

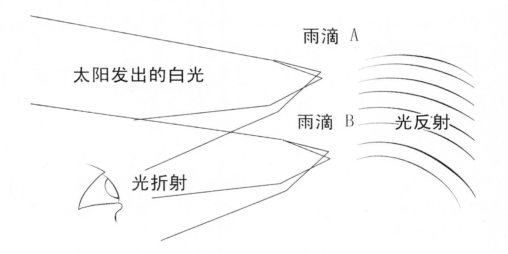

经过气象学家的研究发现,彩虹其实并非出现在半空中的特定位置。它是观察者看见的一种光学现象,彩虹看起来的所在位置,会随着观察者而改变。当观察者看到彩虹时,它的位置必定是在太阳的相反方向。彩虹的拱以内的中央,其实是被水滴反射、放大了的太阳影像。所以彩虹以内的天空比彩虹以外的要亮。彩虹拱形的正中心位置,刚好是观察者头部影子的方向,虹的本身则在观察者头部的影子与眼睛一线以上40度至42度的位置。因此当太阳在空中高于42度时,彩虹的位置将在地平线以下而不可见。这也是为什么彩虹很少在中午出现的原因。

至于为什么彩虹不是完整的圆圈而仅是圆周的一部分——拱形，这跟太阳的高度有关，通常是太阳愈高，彩虹"隐入地下"的部分愈多，从而显露出圆弧形的彩虹部分就愈少的缘故。

如果有幸在飞机上看到彩虹，映入眼帘的彩虹是原整的圆形而不是拱形，而圆形彩虹的正中心则是飞机行进的方向。

 奇趣小知识：

在生活中，我们平时看到的白光是由各种光线汇集而成的，即红、橙、黄、绿、青、蓝、紫，这七种光的折射能力有所不同，当白光被折射时因这七种光的折射能力不同而会被折射到不同地方，所以看到七种光，色散就是指白光被折射成七种色光。

铁扇公主——火焰山真的存在吗

　　凯凯在家中看电视剧《西游记》，看到唐僧师徒四人过火焰山，孙悟空借来芭蕉扇扇灭火焰，师徒四人才得以过山的情节，凯凯看得津津有味。爸爸问："你想不想像他们一样去火焰山走走？"

　　凯凯笑了，"爸爸，你在跟我开玩笑吧？火焰山是电视中的，现实中又没有。"

　　爸爸听完后哈哈大笑，问："你怎么知道没有呢？"

　　爸爸有没有开玩笑呢？现实中有火焰山吗？

　　其实，《西游记》中的很多地名和场景在现实中都是存在的。

　　《西游记》中的火焰山的场景，在现实世界中是真实存在的，它位于我国新疆吐鲁番盆地北缘的火焰山，古书称其为"赤石山"，维吾尔语称为"克孜勒塔格"（意思是"红山"）。

　　经过地质学家的研究发现，火焰山的山体由红色砂岩构成，远远地看上去像着了火一样。火焰山东起鄯善县兰干流沙河，西至吐鲁番桃儿沟，绵延100多公里。

　　在夏季到来时，地面上红沙漫漫，灰尘飞扬，和电视中的情节很像。这里荒山秃岭，寸草不生，漫山遍野一片赤红，常年的高温导致土壤龟裂，看上去很吓人。尤其是酷暑时节，火焰山在烈日照射下，地面上热气沸腾，"焰云"笼罩，赤褐色的山体反射着灼热的阳光，砂岩熠熠闪光，像着了火一样，整座火焰山形如飞腾的火龙，十分壮观。

当然，现实中的火焰山并没有《西游记》中描述的那样热，但温度也超过其他地方。吐鲁番盆地是全国有名的火洲，气温非常高，而火焰山更胜一筹，它称得上是我国最热的地方了。

根据中国气象资料观测统计，夏季火焰山的最高气温可高达47.8℃，地表最高温度达70℃以上，这么高的温度，很快就能把一只埋在沙窝里的鸡蛋烤熟。

由于特殊的条件，当地人经常把鸡蛋放在沙地里，一边晒日光浴，一边享受烤鸡蛋的美味。

不过，火焰山的昼夜温差很大。太阳落山后，大地就如熊熊燃烧的火炉一下熄灭了，气温随之剧烈下降。当地有谚语说"早穿棉袄午穿纱，守着火炉吃西瓜"，很形象地道出了火焰山地区的独特气候特点。

接下来，我们要讨论一下火焰山是如何形成的。

凯凯说："我知道，孙悟空大闹天宫时，把太上老君的八卦炉踢翻了，八卦炉中的炭火被打翻后，落到吐鲁番了。"

爸爸听完后哈哈大笑，凯凯说的对吗？

其实，火焰山是长期的气候环境形成的。特殊的地理位置，让它经历了上亿年的风蚀、沙化、雨浸，特别是在长期的高温、干旱侵袭后，才形成了今天的地貌格局。火焰山之所以非常热，与当地的地理条件密不可分。

首先，吐鲁番盆地海拔很低，四周都是高山，高山阻挡了气流的进出，导致空气流通不畅，这导致太阳辐射的热量无法散失。

其次，吐鲁番盆地地处内陆，干燥少雨，太阳照射时间长，再加上地面植物稀少，地层表面多是易吸热的砂石层。

再次，砾石的比热①较小，升温很快，温度明显高于其他地区。再加上火焰山山体通红，更给人的心理上增加了炎热之感。

通过爸爸的认真讲述，凯凯弄懂了这个问题。

奇趣小知识：

在冬季，我们供热常用的暖水袋，里面装的是水而不是油，正是因为水的比热是所有液态和固态物质中最大的，降温最慢，能够较长时间地为人的双手提供温度。

---

①比热：简单来说，就是物体升温或者降温时要的吸收或释放的热量。

新鲜空气——早晨的空气是新鲜的吗

天刚亮凯凯就起床了，他要陪爷爷去晨练。可是，爷爷并没有立即去晨练，先是认真地洗涮一番，然后又将院子内外都打扫了一遍，似乎并不着急去晨练。

凯凯有点着急了，"爷爷，赶紧去晨练吧，不然空气都不新鲜了。"

爷爷笑着说："清晨的空气很污浊，要等到吃完早饭才去锻炼。"

凯凯以为听错了，问："爷爷，你刚刚说清晨的空气很污浊？那为什么在我们小区很多爷爷奶奶都是一大早就起来锻炼呢？"

爷爷说的话是正确的吗？早晨的空气究竟是最新鲜的还是最污浊的呢？

在我们生活中，会经常发现早晨是中老年人最活跃的时间段了，他们早起锻炼身体图的就是新鲜的空气，可是早晨的空气真的是新鲜的吗？

经过科学家的研究，早晨的空气并不新鲜，特别是太阳还没有出来之前，是一天中空气最混浊的时候，这是因为早晨容易存在着逆温层。

什么是逆温层？简单来说，就是当地面温度比高空的温度高的时候，空气才能顺畅地上升，前一天的工厂废气，汽车尾气等污染物才能随着空气的上升而减少。在高空温度比较高的情况下，空气会下沉，污染得不到净化。清晨是昼夜交替的时刻，温度变化最明显，并且由于温度的垂直差异，前一天的污染气体都停留在地球表面。这个"逆温层"就像一个大盖子一样压在地面上空，使地面空气不能上升，空气中的各种污染物就不能扩散，所以空气不新鲜。

另外，植物的光合作用。植物在日光照射下把水和二氧化碳合成有机物，会释放出清新的氧气。然而，如果没有阳光，植物自然就不能进行光合作用了。没有阳光的照射，植物只呼出二氧化碳，吸入氧气。很明显，天将亮的时候，也是空气中二氧化碳最多、氧气最少的时候。

那一天中什么时候空气是新鲜的呢？

在上午10点钟左右和下午3点种左右这段时间，地面温度上升迅速，逆温层就会消失不见，所以这两个时间段的空气才是最清新的。

人们往往认为早晨的空气最新鲜，这其实是误解。空气新鲜与否，取决于空气污染的轻重。空气污染的来源主要有烟尘、各种机动车辆排放的废气、居民炉灶的烟气和绿色植物夜间代谢排出的二氧化碳气体等。

据科学家们检测，在一天中，上午、中午和下午空气污染很轻，所以空气比较新鲜清洁，其中上午10点左右和下午3点左右空气最为新鲜；早晨、傍晚和晚上空气污染较严重，其中晚上7点和早晨7点左右为污染高峰时间，当然此时的空气就是最不新鲜的了。

听了爷爷的讲述之后，凯凯恍然大悟。

凯凯说："看来生活中，很多人都认为正确的事情并不一定是正确的。"

奇趣小知识：

我们呼吸的氧气主要来源于植物的光合作用，绿色植物通过叶绿体，利用光能，把二氧化碳和水转化成储存着能量的有机物，并且释放出氧。我们每时每刻都在吸入光合作用释放的氧，因此，人类要保护植物，保护我们赖以生存的环境。

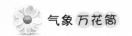

有露无雨——我来你就要闪开

秋收之后，爷爷将存储在粮仓中的谷子、玉米搬到谷场去晾晒。经过一天的晾晒，谷子并没有完全干，爷爷准备将谷子再晒一天。

爸爸问："明天的天气怎么样？会不会下雨？"

爷爷走到场边的草丛里，用手摸了一下草，回答说："放心吧！有露水不会下雨。"

凯凯觉得很不可思议，问："爷爷，你摸摸草就能够知道明天有没有雨？"

爷爷点点头，说："我在草上面摸到有露水。"

爷爷这么说是合理的吗？

秋天的清晨，在田里的庄稼和路边的杂草上，全部是湿漉漉的露水，这些露水是如何形成的呢？

其实，这非常简单。在日常生活中，我们经常会遇到这种现象：在冬天的时候，你向窗户上哈口气，就会看到窗户上有一层薄薄的水雾，这是因为水蒸气遇到温度低的物体后产生凝结。在庄稼和杂草上的露水，就是空气中的水汽遇到较冷的地面或者接近地面的物体而凝结成的小水珠。

为什么有露水时，会是晴天呢？这和露水的形成有关系。露水的形成需要大气比较稳定、无风的天气，天空晴朗少云，只有这些条件具备时，才能出现露水。

大气比较稳定，地面上的热量会很快散失，温度下降，这样当水蒸气遇到较冷的地面或者物体时就会形成露水。

　　反之，如果天空中有云，地面上好像被盖了一层棉被，地面上的热量无法散失。这些热量碰到云层后，一部分被云层吸收，一部分被反射回大地，而被云层吸收的部分热量又会慢慢地放射到地面。这也是天空中出现较多云彩时，气温变化不大的原因。

　　因此，如果夜间天上有云彩，近地面的气温不容易下降，露水就很难出现。

　　除此之外，夜间如果有风，会使上下空气交流，增加近地面空气的温度，这又会使水汽扩散，露水也就很难出现了。由此可见，有露水时，大气比较稳定，一般不会下雨。

　　在农业方面，露水对农作物生长很有利。在白天，由于大气稳定，农作物的光合作用很强，会蒸发掉大量的水分，发生轻度的枯萎。到了夜间，由于露水的供应，又使农作物恢复了生机。此外，有利于田庄的作物对已积累的有机

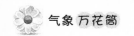

物进行转化和运输。

近年来，随着人们生活水平的提高，开始注意矿泉水、纯净水和磁化水的保健功效。其中，露水就对人体的健康非常有利。营养学家认为，露水含有植物渗出的某些对人体有益的化学物质。研究还表明，露水中几乎不含重水①，有着较强的渗透性。在解渴方面，露水的功效远远超过市场上的各种纯净水和矿泉水。

露水的知识让凯凯大开眼界，他说："大自然真的很奇妙。"

奇趣小知识：

经过研究发现，露水还有很高的医用价值。在沾满露水的草地上打滚，对健身、健肤极为有利。如果睡眠不足，眼睑肿胀，用脱脂棉球蘸取露水，敷于眼睑，能很快消除水肿。

---

①重水：指含矿物质比较多的水。

四季分割——春去秋来何为界

老师布置了一项作业，要求班级里的每个同学根据自己的生日时间，对照出生的季节，描写出这个季节的特点。

凯凯的生日是9月12日，他向妈妈求助，妈妈将四季的划分方法告诉了他。

聪明的小朋友，你知道四季是如何划分的吗？

一年有春、夏、秋、冬四个季节，很多人都知道。但这四个季节是怎么划分的呢？一些人可能不知道。中国古代的劳动人民经过实践，很早就有了季节的划分。在距离今天3000多年前的殷商时代的甲骨文上，已经出现"春""秋""季"等字样，同时通过甲古文上的一些简单画面可以看出当时的人们已经能够根据气候和时节安排具体的生产活动。

经过自然科学家的不断研究，四季的划分更加具体和详细。

四季的划分有不同的标准：在天文学上，以春分（3月21日前后）、夏至（6月22日前后）、秋分（9月23日前后）和冬至（12月21日前后），分别作为四季的开始。

在中国民俗中，多用"二十四节气"中的立春（2月4日前后）、立夏（6月5日前后）、立秋（8月8日前后）和立冬（11月8日前后）作为四季的开始。

在具体的气候上，一般以1月为最冷月、7月为最热月，因此又以公历3、4、5月为春季，6、7、8月为夏季，9、10、11月为秋季，12月与来年1、2月为冬季，这种四季的划分一般与四季分明的温带地区较相符合。

　　由于地球表面复杂的地理形势，不均匀地分布着海洋、陆地、沙漠和山脉，因此各地季节的来临是不一致的。近代，有气象学家提出以温度为标准，并兼顾各地一些能够反映季节来临的植物或者动物的生长和活动规律来划分四季。我国幅员辽阔，地形复杂，南北气候差异较大，目前实行的是以各地五天的平均温度作为四季划分的标准：连续五天的平均气温稳定降到10℃以下作为冬季的开始，稳定上升到22℃以上作为夏季开始。据此，平均温度从10℃以下稳定升到10℃以上时作为春季开始，从22℃以上稳定降到22℃以下时作为秋季开始。这也是目前从天气气候角度来划分的四季，也是为气象领域所接受的一种四季划分的标准。

　　根据以气温为标准的四季划分，以首都北京地区为例，根据对北京地区近百年气温资料统计分析，背景稳定通过10℃的日期是4月1日，稳定通过22℃

春

秋

冬

夏

的日期是5月26日，从22℃以上稳定下降到22℃为9月6日，稳定下降到10℃以下为11月8日。

根据上述标准，北京的四季可划分如下：春季4月1日–5月25日，共计55天，平均气温在15.9度左右；夏季5月26日–9月5日，共计103天，平均温度24.4度左右；秋季9月6日–11月7日，共计63天，平均气温15.6度左右；冬季11月8日–3月31日，共计144天，平均气温为零下1.1度左右。根据以上划分，北京冬夏最长，春秋季各只有冬季的一半。

不过，以上四季的开始和结束日期，是北京历史上多年平均日期，并非每年四季的起止日期。至于每年的四季日期，要根据当年的平均气温值划定。

聪明的小朋友，如果你想知道所在地的四季的具体时间和长短，一定要认真观察，也可以向当地的气象站去求助。

听完妈妈的讲述，凯凯根据划分季节的标准去做作业了。

奇趣小知识：

近年来，温室效应逐渐被人们提起，这是由于大气中的二氧化碳等温室气体增加，这些气体能够吸收太阳的热量，同时将地表向外放出的热量反射回地表，这样就使地表与低层大气温度增高，会造成冰川和冻土消融、海平面上升等，威胁人类的居住环境。

第三章　揭开气象神奇的面纱

小名片——天气的"招牌"表情

在爷爷家过暑假，傍晚的时候，凯凯陪爷爷出去散步。太阳就要从西边落下去了，将大地照得一片金黄，非常壮观。

爷爷看了看，说："乌云接落日，不落今日落明日。看来明、后天要下雨了。"

凯凯问："爷爷，你刚刚说的是什么意思？"

爷爷回答说："太阳落山了，西方升起一朵城墙似的乌云接住太阳，说明乌云要往东移，西边阴雨天气正在移来，要下雨了。"

凯凯问："你是怎么知道的？"

爷爷说："云是老天爷的脸色，看云就知道天气了。"

在气象学中，云变化无常，有时像鱼鳞，整齐地排列着；有时像羽毛，轻轻地飘在空中；有的像一床大棉被，严严实实地盖住了天空……有一种说法，云是天气的"招牌"，天上挂什么云，就将出现什么样的天气。通过对云的观察，就能知道天气的变化。

云是经由大量微小水滴组成的悬浮在空中的聚合体，是大气中水汽凝结或凝华的产物。主要来源是海洋或陆地表面的水，通过蒸发成蒸气进入大气低层，然后通过空气的上升运动输送到高空，这样便形成了云。

经过气象学家计算，这些云存在的总水量约28万亿吨，是大气中水的仓库，是天空降水的主要来源。不管是夏天的滂沱大雨还是冬天的鹅毛大雪，都是空气中水分的循环形式。

　　气象学家们根据云的底部高度和外形特征、结构及形成原因，将云分成低云、中云和高云三种。下面将一一介绍这些云种的特征。

　　我们常见的积云和积雨云属于低云族，这种云变化极快。云底高约几百米到一二千米，向上可伸展到几千米。一旦出现，往往伴随大量的降水，同时伴有雷电出现。

　　除去积云和积雨云外，星云、层积云和雨层云也属于低云族，垂直高度一般在2.5千米以下。层云只降毛毛雨或小雪；层积云由较大的条状、块状或片状云块组成；雨层云颜色灰暗，通常会有较强的连续性降水。

　　中云族包括高层云和高积云，垂直高度在2.5至6千米左右，由小水滴或小冰晶混合组成。这种云呈现白色或者灰色，外形比较美观，有的像棉絮团，有的则像大海中的波浪，高层云像灰幕布似的遮满天空，有时可降小雨或小雪。

高云族包括卷云、卷层云或卷积云，垂直高度在 6 千米以上，几乎全由冰晶组成。出现卷云和卷层云时一般不会降雨。若出现钩卷云时，则预示未来几天有雨，民间谚语说"天上钩钩云，地下雨淋淋"之说。卷积云状似鱼鳞，也是天气将要转坏的征兆，民间有谚语说"鱼鳞天，不雨也风颠"。

观测云不仅能够预知近期天气的变化，甚至能够预测到半年甚至更长时间的气候变化。例如，气象谚语"八月十五云遮月，正月十五雪打灯"，就表明入侵我国中原地区的冷空气存在 5 个月左右的活动规律。

除形状之外，颜色也可以预兆一定的天气，这主要是由于太阳的反射造成的。例如，内蒙古地区有谚语"不怕云里黑，就怕云里黑夹红，最怕黄云下面长白虫"，在山西地区有"黄云翻，冰雹天；乱搅云，雹成群；云打架，雹要下"，在长江中下游地区有"午后黑云滚成团，风雨冰雹一齐来"等谚语，这些都是靠云识天气的事例。

听了爷爷的讲述，凯凯惊奇地瞪大了眼睛，他抬头看了看天气，说："看来是要下雨了。"

晚上吃饭后，一家人在电视机前看电视，外面就下起雨来了。

奇趣小知识：

在夜晚的时候，有时会看到月亮的周围有个圆圈，这是"风圈"，预示第二天将要起风，而且风圈越大，第二天风就越大。这是由于太阳、月亮的光线通过云层时，受到冰晶的折射或反射而形成的。

二十四仙——奇妙的二十四节气

　　和爸爸一起去图书馆，看到"二十四节气入选第三批国家级非物质文化遗产名录"这句话时，凯凯问："爸爸，二十四节气是什么意思？"

　　爸爸回答说："二十四节气是中国古代订立的一种用来指导农事的补充历法，是在春秋战国时期形成的。它是根据太阳在黄道（即地球绕太阳公转的轨道）上的位置来划分的。"

　　凯凯摇摇头，"我没有明白是什么意思。"

　　爸爸只得放下手中的书，认真地给凯凯讲解。

　　地球在自转的同时也在围绕太阳进行公转，围绕太阳转一圈需要365天5时48分46秒的时间。由于地球旋转的轨道面同赤道面不是一致的，而是保持一定的倾斜，所以一年四季太阳光直射到地球的位置是不同的。以北半球来讲，太阳直射在北纬23.5度时，天文上就称为夏至；太阳直射在南纬23.5度时称为冬至。夏至和冬至即指已经到了夏、冬两季的中间了。一年中太阳两次直射在赤道上时，就分别为春分和秋分，这也就到了春、秋两季的中间，这两天白昼和黑夜一样长。反映四季变化的节气有立春、春分、立夏、夏至、立秋、秋分、立冬、冬至八个节气。其中立春、立夏、立秋、立冬叫作"四立"，表示四季开始的意思。反映温度变化的有小暑、大暑、处暑、小寒、大寒五个节气。反映天气现象的有雨水、谷雨、白露、寒露、霜降、小雪、大雪七个节气。反映物候现象的有惊蛰、清明、小满、芒种四个节气。

根据历史研究，二十四节气起源于黄河流域附近。在春秋时期，古人们就根据农忙的时节制定出仲春、仲夏、仲秋和仲冬等四个节气，以后不断地改进和完善，到秦汉年间，二十四节气已完全确立。公元前104年，由邓平等制定的《太初历》正式把二十四节气定于历法，明确了二十四节气的天文位置。二十四节气是中国劳动人民独创的文化遗产，它能反映季节的变化，指导农事活动，影响着千家万户的衣食住行。

下面简单介绍一下这二十四个节气：

孟春包括立春和雨水，立春的时间是2月3日至5日之间，大地回春，一年农事活动开始；雨水的时间是2月18日至20日之间，降雨量逐渐增多，这个时间气温不稳定，忽冷忽热，很容易感冒。

仲春包括惊蛰和春分，惊蛰的时间是3月5日至7日之间，冬春交替时期，气温的变化大；春分的时间是3月20日至21日之间，此后昼长夜短，气温渐渐回升。

季春包括清明和谷雨，清明的时间是4月4日至6日之间，农村从此进入农事大忙的阶段；谷雨的时间是4月19日至21日之间，雨量明显增多，五谷得以生长。

孟夏包括立夏和小满，立夏的时间是5月5日至7日之间，夏季正式开始，夏收作物年景基本定局；小满的时间是5月20日至22日之间，这是收获的前奏，夏忙的序幕正式拉开。

仲夏包括芒种和夏至，芒种的时间是6月5日至7日之间，农业生产最繁忙的季节；夏至的时间是6月21日至22日之间，这一天北半球的白天最长，夜晚最短。

季夏包括小暑和大暑，小暑的时间是7月6日至8日之间，盛夏的开始，我们南方地区开始抗旱，北方地区开始防涝；大暑的时间是7月22日至24日，一年中最热的时段开始到来，农作物的生长进入最快阶段。

孟秋包括立秋和处暑，立秋的时间是8月7日至9日之间，作物均已成熟；处暑的时间是8月22日至24日，暑气逐渐消退，炎热的暑天即将结束。

仲秋包括白露和秋分，白露的时间是9月7日至9日之间，由此开始昼夜温差加大；秋分的时间是9月22日至24日之间，"三秋"大忙要趁早。

季秋包括寒露和霜降，寒露的时间是10月8日至9日之间，秋熟作物将先后成熟登场；霜降的时间是10月23日至24日前后，开始出现霜。

孟冬包括立冬和小雪，立冬的时间是11月7日至8日之间，这期间农作物要注意防冻防寒防火；小雪的时间是11月22日至23日之间，这期间我国北方地区多雨雪天气。

仲冬包括大雪和冬至，大雪的时间是12月6日至8日之间，北方地区雨雪天过后，能够看到厚厚的积雪；冬至的时间是12月21日至23日前后，这天是夜最长、白天最短的时间段。

季冬包括小寒和大寒，小寒的时间是1月5日至7日之间，天气非常寒冷，注意保暖；大寒的时间是1月20日至21日之间，天气进入一年中最寒冷的阶段，并由此开始转暖。

为了方便记忆，古人将二十四节气编成了顺口溜：

春雨惊春清谷天，夏满芒夏暑相连。秋处露秋寒霜降，冬雪雪冬小大寒。

在爸爸的介绍下，凯凯又学会了新知识。

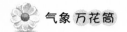
奇趣小知识：

　　俗话说："春困秋乏夏打盹儿，睡不醒的冬三月。"这反映了在不同季节，气候变化对人体的生理的影响，需要注意加强身体锻炼。

彩霞仙子——美丽迷人的彩霞

早晨，凯凯和爸爸去锻炼身体，看到光芒四射的太阳从东方升起，绚丽的彩霞顷刻布满了整个天空，非常漂亮。

凯凯问："爸爸，那是什么？好漂亮！"

爸爸回答说："那是彩霞。"

凯凯问："彩霞是什么？"

在清晨和傍晚，在太阳出来和下山前后的天边，时常会出现光辉夺目、五彩缤纷的彩霞。出现在清晨的又叫朝霞，出现在傍晚的称为晚霞，不管是朝霞还是晚霞，都是由于空气对光线的散射作用形成的。

在物理学中，光线遇到遮挡物时，会发生折射或者散射。清晨或者傍晚，当太阳光射入大气层后，遇到大气分子和悬浮在大气中的微小颗粒，就会发生散射。这些大气分子和微小的颗粒本身是不会发光的，但由于它们散射了太阳光，使每一个大气分子都形成了一个散射光源。

根据光的折射和散射特点，太阳光线中的波长①较短的紫、蓝、青等颜色的光最容易散射出来，而波长较长的 红、橙、黄等颜色的光穿透能力很强。在天气晴朗的时候，我们看到天空总是呈现蔚蓝色，这正是光线中波长较短的紫、蓝、青容易散射的结果，而地平线上空的光线只剩波长较长的黄、橙、红

————

① 波长是物理学中的名词，是指沿着波的传播方向，在波的图形中相对平衡位置的位移时刻相同的或相邻的两个质点之间的距离。

光了。这些光线经空气分子和水汽等杂质散射后，天空就带上了绚丽的色彩。

因此，我们明白，朝霞和晚霞是由于空气分子的散射作用而形成的，就像天空的蓝色一样。朝霞的出现，往往预示天气会有一定的变化。

彩霞仙子

听完爸爸的讲述后，凯凯说："看来大自然真的很神奇。"

爸爸继续说："看来要下雨了。"

凯凯问："你怎么知道？"

爸爸回答说："民间谚语说，'出晚霞渴死蛤蟆，出朝霞等水烧茶'。"

在清晨，如果有鲜艳的早霞，这表示东方低空含有许多水滴，有云层存在，才会使太阳光发生散射。随着太阳升高，热力对流逐渐向平地发展，云层会越来越厚，下雨天气将逐渐逼近，本地天气将愈来愈变坏，这就是"朝霞等水烧茶"的原因。

在傍晚，由于一天的阳光照射，温度较高，低空大气中水分一般不会很多，但尘埃因对流变弱而可能大量集中到低层。因此，如果出现鲜艳的晚霞，说明晚霞主要是由尘埃等干粒子对阳光散射所致，说明西方的天气比较干燥。按照气流由西向东移动的规律，未来本地的天气不会转坏，所以有"晚霞渴死蛤蟆"的说法。

通过爸爸的分析，凯凯终于明白了这一切。凯凯说："我要通知妈妈，要下雨了，让她出行带上伞。"

奇趣小知识：

在生活中，如果你仔细观察，就会发现有的时候在太阳的周围会出现一个彩色的环，这是日晕，是太阳光通过云层中的冰晶时，经折射而形成的光现象。日晕的出现，往往预示天气要有一定的变化。

魔幻异彩——绚丽多彩的极光

凯凯最近迷上了搜集各种各样奇异的事情，并将这些奇异的事情分门别类记下来，他要努力开动脑筋，去认识并解释这些奇异的事情。

这天，他在一本书中看到着这样一篇文章：

1957年3月2日夜晚7点钟左右，我国东北边境黑龙江的漠河和呼玛城一带出现了几十年少见的极光：一团殷红灿烂的霞光突然地升腾起来，一瞬间变成了一条弧形的光带，它上部从黑龙江以北伸向南方天空，在夜空中停留了45分钟。在同年的9月29日到30日夜晚，我国北纬40度以北的广大地区，也出现了一次少见的瑰丽的极光，映红了北方的天空。人们怀着极大的兴趣观看这种难得见到的自然现象。

这篇文章极大地激起凯凯的兴趣，他转而向爸爸寻求答案，在爸爸的帮助下，他弄懂了极光的秘密。

极光现象很早就被人们发现，在我国的古书《山海经》中就有记载。书中将它作为一个神话故事：传说遥远的北方有个神仙，形貌如一条红色的蛇，在夜空中闪闪发光，它的名字叫烛龙。并描述它"西北海之外，赤水之北，有章尾山。有神，人面蛇身而赤，直目正乘，其瞑乃晦，其视乃明。不食不寝不息，风雨是竭。"这里所指的烛龙，实际上就是极光。这说明极光现象由来已久。

太阳是一个庞大发光发热的球体，在它的表面和内部进行着各种化学反应，在反应的过程中，太阳会产生出强大的带电微粒流，以极大的速度四散开来。当这种带电微粒流射入地球外围的高空大气层时，就与大气层中中气体分子猛烈地冲撞，于是产生了发光现象，这就是极光。

根据观察，极光绝大多数出现在南北两极附近，在纬度低的地方以及赤道地区很少发生。这和地球本身的特征有关系。

地球本身像一块巨大的磁铁，而它的磁极在南北两极附近。以生活中常见的指南针为例，指南针总是指向南北方向，这是因为受了地磁场的影响。从太阳内部四散开来的带电微粒流，也要受到地磁场的影响，以特殊的运动方式趋近于地磁的南北两极。因此，极光大多在南北两极附近的上空出现。在南极附近出现的光叫南极光，在北极附近出现的光叫北极光。我国在北半球，所以东北等地看到的只能是北极光。

常见的北极光色彩炫丽，仔细分析，会发现这些极光多半五彩斑斓，为什么？

这是因为空气是由氧、氮、氖、氦等气体组成的。在带电微粒流的作用下，各种不同的气体所发出的光也不相同，因此就有各种不同形状和颜色的极光。有的像幕布，有的呈射线状，有的是紫红色，有的色彩较淡，但都非常漂亮。

另外，经过气象学家研究发现，太阳活动周期大约为11年，每经过11年，极光也会大范围地出现。因此，极光出现次数的多少，常与太阳活动强弱有关，在太阳活动高潮期间，极光出现的次数也多。

通过爸爸的讲述，凯凯了解了极光的秘密。他要求爸爸休假时带他去看极光，爸爸答应了，这让他很高兴，他盼望着能够早一天亲眼看到极光。

奇趣小知识：

太阳光是由红、橙、黄、绿、青、蓝、紫这七种颜色组成的，当看到彩虹的时候，如果你注意观察，就会看到这几种颜色。

风神发怒——狂暴肆虐的台风

看新闻的时候，凯凯听到电视中报道台风的消息，台风的风力很大，对沿海附近的居民造成了很大的影响。

凯凯问："台风是什么？为什么会有那么大的杀伤力？"

爸爸告诉他："台风是风力很大的旋风，持续风速在12级、13级以上。"

凯凯继续问："为什么会产生台风呢？台风是不是风婆婆发怒了？"

爸爸笑了，和他开玩笑说："有一天风婆婆很无聊，想到人间去走动走动。在来人间的路上，被树枝划破了衣服，她非常生气，怒吼着从海中卷起海水，冲向地面想淹死大树。她发现海上的浪越来越高，吓得海龙王和虾兵蟹将都躲了起来。风婆婆以为大家都怕了她，就更加显威风，用力推倒大树，推倒房屋，破坏庄稼，淹没田地。这天，三目神将杨戬在天上巡视的时候，看到沿海一带一派乌烟瘴气，觉得事情不妙，打开天眼仔细一看，看到是风婆婆在作恶。他决定教训一下风婆婆。他弹出一粒石子，顿时白光一闪，轰的一声巨响，天崩地裂，震得风婆婆晕头转向，知道又是三只眼的杨戬把大风压下来了。她自知理亏，吓破了胆子，当初的威风不知哪里去了。三十六计走为上策，于是悄悄地躲回海底去了。从今往后，只要看到没有人监视自己，她就会悄悄跑出来作恶，被发现后又赶紧躲起来。"

爸爸的故事让凯凯惊奇地睁大了眼睛。爸爸说的故事是真的吗？台风真的是风婆婆在作恶吗？

　　其实，世上根本没有什么风婆婆，这只是神话故事，台风是大自然中的一种常见现象。

　　生活中，如果我们经常看新闻的话，会发现在台风季节里，总会出现台风的消息。台风经常产生在北纬5度至20度的热带海洋。可以说，热带的海洋是台风的老家了。

　　以生活中常见的事为例，当我们烧开水达到一定的温度时，锅底的水会往上翻腾，这是因为锅底的水受热后膨胀了的缘故。台风的形成条件之一和烧开

水类似，由于温度比较高，当下层的空气受热后，就会往上翻腾。由于低纬度海洋受到太阳的照射比较强烈，温度会持续升高，如果在这个过程中发生南北半球的信风相遇，那么将会引起大量空气上升，同时由于地球的自转所产生的力量，会加速这种进程。台风形成的前兆也就出现了。

除此之外，充足的水汽是必不可少的。热带的海洋，气温非常高，又是地球上水汽最丰富的地方。据气象学家统计，产生台风的海洋，主要有菲律宾以东的海洋、我国南海、西印度群岛以及澳洲东海岸等。这些地方海水温度比较高，也是南北两半球信风相遇的区域，因此台风就很容易产生。

根据气象学家研究发现，台风的发生是有规律和特点的，主要呈现以下几个方面：

一、季节性。台风一般发生在夏秋之间，一般从五月初开始，到十一月结束。

二、台风的行进路线很难准确预报。台风的风向时有变化，常出乎人的预料，台风中心登陆地点甚至经常与预报的相差很远。

三、台风具有旋转性。其登陆时的风向一般先北后南。

四、破坏性很大。台风的破坏力很强，对建筑物、树木、海上船只、海边农作物等破坏性很大，容易造成人员伤亡。

五、强台风发生时常伴有大暴雨、大海啸，常常引发洪灾。

奇趣小知识：

台风有着很强的破坏力，当然也有有利的一面，它为人们带来了丰富的降水。台风给中国沿海、日本海沿岸、印度、东南亚和美国东南部带来大量的雨水，占这些地区总降水量的1/4以上，对改善这些地区的淡水供应和生态环境都有十分重要的意义。

黑色幽灵——沙尘暴

今天早晨起床后，凯凯透过黄色的窗帘往外看，发现外面的天空是黄色的，阴沉沉的。他觉得很奇怪，以为自己看花了眼，拉开窗帘之后，外面真的是黄色的，还刮着大风。

他趴在窗户上看，很惊叹地说："哦，好大的风啊！"窗台都蒙了一层细细的沙土。小区内的两棵小树被刮倒了，倒在地上，真可怜。

看到这一切，他感觉到很奇怪。

过了一会儿，凯凯跑去问妈妈，妈妈告诉他，说："今天刮的是沙尘暴，所以看起来是黄色的。而且，这里有好长时间没刮沙尘暴了，估计得有三年了。"

凯凯问："沙尘暴是什么？"

沙尘暴是指大风将地面大量的沙尘物质吹起并卷入空中，导致空气特别浑浊，能见度小于1000米的严重风沙天气现象。

沙尘暴形成的主要原因是出现大风的条件天气，以及特殊的沙、尘源头分布和不稳定的气候条件。其中，大风是沙尘暴产生的主要动力，沙、尘源是沙尘暴的物质基础，不稳定的热力条件是利于风力加大、强对流发展，从而夹带更多的沙尘并卷扬得更高。

根据地质学家的研究发现，由于地球进入干旱少雨、天气变暖、气温回升的阶段，这更加加剧了沙尘暴的出现频率。

沙尘暴产生的土壤条件是出现沙尘暴的重要条件。土壤中的主要成分硅酸盐，当干旱少雨且气温变暖时，硅酸盐表面的硅酸失去水分，地表会变得疏松，一旦出现大风，就会形成扬沙即沙尘暴天气。

因此，沙尘暴形成的条件有以下三个：

一、地面上的沙尘物质。它是形成沙尘暴的物质基础。

二、大风，这是沙尘暴形成的动力基础，也是沙尘暴能够长距离输送的动力保证。

三、不稳定的空气状态。这是重要的局地热力条件。沙尘暴多发生于午后、傍晚，说明了局地热力条件的重要性。

近年来，中国经济取得飞速发展，环境问题也越来越突出，其中沙尘暴便是突出的环境问题之一。在我国西北地区和华北北部地区出现的沙尘暴天气，可造成房屋倒塌、交通供电受阻或中断、火灾、人畜伤亡等，它污染自然环境，破坏作物生长，给人民的生命财产安全造成了极大的危害。

经过地质学家调查研究发现，土壤风蚀是沙尘暴发生发展的首要环节，要

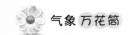

预防沙尘暴天气，只要能够防止土壤风蚀，就可以从根本上治理沙尘暴。其中，扩大植物绿化面积就是最有效的方法之一。大量植物的存在，不仅能够减缓风的运动量，还能够减少气流与沙尘之间的传递，从而阻止土壤、沙尘等的运动。

听完妈妈的介绍，凯凯说："如果人们不再破坏环境，不再乱扔垃圾，同时多植树、保护环境，那样世界上就不会再出现沙尘暴。妈妈，我说的对吗？"

妈妈点点头。

奇趣小知识：

沙尘暴并非有百害而无一利，经过科学家的研究，碱性的沙尘进入大气中，可以与空气中的酸性物质中和，达到抑制酸雨的效果。此外，它从沙漠地带带走的营养成分落到海洋，为鱼类提供了充足的养料。

春雨送暖——一场春雨一场暖

　　凯凯放学回来，还没有放下书包就问开了，"妈妈，今天老师告诉我们天气要转暖了，还说'一场春雨一场暖'，这是什么意思啊？"

　　正在打扫卫生的妈妈停下手中的活，告诉凯凯："这是气候的经典谚语，一场春雨一场暖，一场秋雨一场寒，也就是说，在春季和秋季，天气温度会随着雨水逐渐变化。"

　　在我国江南地区，春天的天气总是呈现"一场春雨一场暖"的现象。春雨正是南方暖湿空气增强，并且向北方移动的征兆。在春节，由于北半球太阳的照射逐渐增强，太平洋上方的暖空气随即向西北伸展。当暖空气向北挺进的过程中，会与北方冷空气边界相遇产生雨水。在移动的过程中，它也在将冷空气向北排挤。排挤的结果是暖空气占领了原来属于冷空气的空间。因此在暖空气到来之前，这些地方往往先要下一场春雨。"一场春雨一场暖"就是因为这个缘故。

　　一个地方下过雨后，就会受到暖空气影响，气温逐渐转暖。在逐步控制的过程中，冷空气会向南反扑，冷暖空气交会，又会下雨。当然，当这场雨过后会出现短暂的气温降低，但很短的时间过后，这团冷空气吸收到大量的太阳辐射，以及受到南方暖空气的影响，气温又会升高，天气就会逐渐变暖了。因此，人们总会感觉到，春天下过雨后，只要天气晴朗，一般总是暖洋洋的。

　　当然，还存在另一种现象，在南方暖空气排挤冷空气的过程中，常常会

出现阴沉多雨的天气。地面被天空的云朵遮蔽，太阳的光热射到地面极少，同时雨水蒸发时要吸收地面和附近空气中大量的热量，空气温度也会降低。如果春雨持续的时间久了，会出现比较寒冷的天气，因此民间也有"春寒多雨"的说法。

同样的道理，在秋季，一股股冷空气从西伯利亚进入中国大部分地区，当它和南方正在逐渐衰退的暖湿空气相遇后，就形成了雨。一次次冷空气南下，常常造成一次次的降雨，并使当地的温度一次次降低。另外，这时太阳直射光线逐渐向南移动，照射在北半球的光和热一天天减少，这也有利于冷空气的增强和南下。几次冷空气南下后，当地的温度就变得很低了。这就是"一场秋雨一场寒"的道理。

凯凯听完之后恍然大悟，"原来大自然中有这么多的秘密！"

妈妈回答说："是啊，你一定要好好学习科学知识，了解更多的知识，将来为人类造福。"

奇趣小知识：

　　民间有谚语"春雨贵如油"，主要是指我国华北地区在春季雨水较少，不足全年占有量的10%。春季承接着秋、冬两个少雨季节，再加上春季气温回升快，风天多，蒸发强烈，往往易形成连续干旱。同时，这时正是越冬作物返青至成熟期，需要的雨水多，玉米、棉花等播种成苗也要求有充足的水分，因而春旱显得突出。此时，若能有雨水降临，自然就显得特别宝贵，故有"春雨贵如油"之说。

第四章　千年文明延续下来的智慧谚语

东南风，燥松松

妈妈因为工作的原因，要到邻市出差一周。爸爸为妈妈准备了很多生活用品，凯凯也给妈妈备好了雨伞，防止下雨。

爸爸说："不用准备雨伞了，未来一周的时间都不会下雨。我今天下班的时候，看到刮起了东南风。"

凯凯问："为什么刮东南风就不会下雨了？"

爸爸笑着说："谚语里说了，'东南风，燥松松'。"

爸爸说的话该怎么解释呢？是正确的吗？

这是出现在东南沿海各省的夏季天气谚语，是我国的劳动人民在长期的生产生活中总结出来的。可能有人会问：东南风是从海洋来的，为什么又会干燥起来呢？

某个地方要下雨，需要具备一个很重要的条件，那就是固定的凝雨的物质——水蒸气，同时还需要水汽凝结。要实现这一切，必须有空气上升，使温度降低。这个条件的实现，在东南平原地区需要在夏季，需要依靠热力的对流作用或者两支来自不同方向的气流之间的锋面①活动。

在东南平原地区进入夏季梅雨后，受副热带高气压的西缘所控制，会经常出现东南风。在副热带的区域内，有强烈的下沉气流，这样的话，就不可能集中在地面受到强热的作用。还有在单纯的东南风中，由于它发源地的高空下沉作用，往往有高空反比低空暖的现象。这样，地面的空气就难以上升了。所以东南风里虽然有很多水蒸气，但还是不可能行云致雨的。夏天没有云雨，自然天气很热了。

其次，说到锋面活动，锋面是两支不同气流的相遇地带。一支气流温度比较低，另一支气流温度比较高，这两支气流相遇，暖气流的只有上升。于是，就把地面水蒸汽带到高空去而行云致雨了。现在地面，只有一支东南风，表明并无其他偏北气流来与它发生冲突而形成锋面，所以水汽便不能上升而导致下雨了。

然而，如果是在春季和冬季，这句谚语就不适合了。江南地区是冷空气占着绝对优势，在春季和冬季如果吹东南风，是表示有暖空气来到了，而冷空气

---

①锋面是指温度、湿度等性质不同的两种气团相互交界的地方，地理学中又叫"过渡带"。

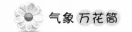
和暖空气交锋是会下雨的。

听了爸爸的讲述后，凯凯放心了，他将雨伞收起来。第二天，和爸爸一起将妈妈送到车站，目送妈妈离去。他盼望着妈妈能够早点回来。

 奇趣小知识：

在我国境内，春秋两季所降的雨多为锋面雨，这是指冷气团和暖气团相遇、暖气团被抬升形成的降雨，如南方的梅雨、北方的寒潮等。

腾云驾雾——天上的云会掉下来吗

　　国庆黄金周期间，凯凯和爸爸妈妈一起去爬山。他们走到山脚时，看到半山腰仙雾缭绕，非常漂亮。当他们爬到半山腰时，却又看不到云了，只是觉得仿佛进入迷雾中。当他们奋力爬到山顶之后，再停下脚步回头看的时候，却看到云在他们的脚下了。

　　凯凯非常高兴，高声呼喊："我要腾云驾雾了！"

　　突然，他似乎想到了什么问题，他问："爸爸，天上的云会掉下来吗？"

　　爸爸摇摇头，"天上的云不会掉下来的。"

　　凯凯问："为什么不会掉下来呢？是因为它很轻吗？"

　　爸爸摇摇头，"天上的云不但不轻，而且非常重。"

　　凯凯觉得很奇怪，"那它为什么不会掉下来呢？"

　　前面我们说到了山中的雾，事实上，云和雾在实质上是一样的，只是它们的高度不同而已。云的高度比较高，而雾的高度则比较低。

　　云和雾在形成上也比较接近，形成云雾的主要原因是潮湿空气的上升运动。同时由于地面上的热空气和水蒸气总是不断地往上升，就像一只大手一样，把云托着，因此，云雾在空中就掉不下来了。

　　为了更深入地了解云会不会掉下来，我们从大气的知识方面详细讲解。

　　在天文学中，大气分为五层：对流层、平流层、中层、暖层和逸散层。我们常见的云主要出现在对流层。接下来，我们主要来研究对流层。

在对流层中，由于太阳光照和地球辐射的双重影响，空气的温度分布产生垂直差异，越高的地方，温度越低。由于温度存在差异，对流层下面的空气就要对流到上面去。顾名思义，对流层的概念就是这样来的。

由于地球反射的影响，对流层的气温随高度增加而降低。根据气象学家的研究，高度每增加100米，气温下降0.6℃。

当我们站在地面上，所看到的仅仅是云的底部，很容易误认为云是一片一片的。其实云不仅水平面积相当大，而且在厚度方面也非常厚，至少有200米厚，甚至一度达到8000米，如果这些云能够转化为雨降落到地球，可以淹没世界上最高的山峰。

假设有一朵云彩，厚度是200米，那么，此云的底部温度比顶部温度高1.2摄氏度；如果云层厚度达到1000米，云层的顶部和底部的温度差异就达到了6摄氏度。那么云层底部的空气就有向上垂直爬升的动力，正是这向上的动力把沉重的云层托在了天空中。

因此，我们生活中看到的云层实际重量甚至有成千上万吨，如果云层瞬间倾泻下来的话，足足可以让人类居住的房屋倒塌，甚至夺去人的生命。从中我们可以看出，空气对流的动力是多么巨大。因此，我们认为云彩轻得像棉絮并不正确。

奇趣小知识：

由于气温随着高度的增高而降低，高度每增高100米，温度降低0.6度，这种方法可以用来测量山峰的高度。例如：在同一个时间点测得山脚和峰顶的气温分别为26度和20度，那么山峰的高度就是1000米。

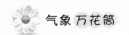

天上钩钩云，地上雨淋淋

在凯凯的关于气象谚语的收藏中，他看到这样一个谚语：天上钩钩云，地上雨淋淋。他不明白"钩钩云"是什么意思，跑到书房里向爸爸求助。

接下来，爸爸将这句谚语的意思告诉了凯凯。

"钩钩云"往往在七八千米的高空出现，往往平行排列，一端有小钩，有较长的拖尾，很像标点符号中的逗号，云体很薄且透明，呈白色。

根据气象学家的研究，钩卷云通常出现在冷暖空气交界区的云层前面。由

于冷暖空气相遇，暖湿空气被抬升，将水汽带入高空。随着高度的升高，温度逐渐降低，水汽会产生凝结现象，形成了高度不等的云层。

根据云层的高度，低云主要是两千米以下，有雨层云、层积云等；中云的高度大约为两千米到六千米左右，有高积云、高层云；而高云层是指六千米以上，有钩卷云和卷云等。

由于钩卷云的高度较高，在天气发生变化前，能够被首先看到，然后才会看到中、低云。因此，当看到高空有"钩卷云"时，就知道钩卷云移动后，就要出现高积云、高层云的中云，而接下来雨层云和层积云会随之出现。一般高积云和雨层云出现时，雨水也就伴随而来。

因此，当天上出现"钩钩云"时，一般隔十几个小时就会下雨，但有时也会因为水汽量的问题，时隔一两天才会下雨。

然而，如果钩卷云出现在雨后或冬季，则不会出现"雨淋淋"的现象，恰恰相反，会连续出现晴天或霜冻，因此民间又有"钩钩云消散，晴天多干旱""冬钩云，晒起尘"的谚语。

明白了这个谚语之后，凯凯认真地记录在自己的搜集册中，要作为以后学习的资料。

奇趣小知识：

飞机的飞行高度，顶端离地面大约30公里，这里温度大体不变，几乎不存在水蒸气，没有云、雨、雾、雪等天气现象，只有水平方向的风，没有空气的上下对流。

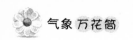

天上鲤鱼斑，明日晒谷不用翻

　　凯凯最近迷恋上了收集民间各种关于天气的谚语，他计划做成册子，在同学之间普及、交流。为此，他专门坐车跑到乡下的爷爷家，向爷爷寻求帮助。

　　在爷爷的帮助下，凯凯搜集到了一句新的谚语：天上鲤鱼斑，明日晒谷不用翻。

　　天上的鲤鱼斑，指的是天空出现了像鲤鱼斑状的云朵。从外形上看，这种云彩的形状和鲤鱼身上的鳞片的非常接近，常常是成列成行，很整齐地排在天空中，同时云和云之间还有一些空隙，可以透过阳光，并且可以从云与云之间看到蔚蓝色的天空。这种现象在气象学中称为透光高积云。

出现这种云的条件是由冷性气压转变为暖性高气压的范围内，因为高气压里的空气向外流散，这种情况不会出现降雨，天气变化少，所以天空出现透光高积云时，表明在短期内的天气非常稳定，不会变化，可以从事农业生产活动，比如晒谷。

"晒谷不用翻"这句话，不过是表示天气晴朗罢了。在安徽、江浙一带还有另外一种说法，是"瓦片云，晒死人"，指的也是这种云。

凯凯赶紧将爷爷的解释连同这句话记了下来，他说："中国劳动人民太有智慧了，一定要将这些财富继承下去。"

奇趣小知识：

出现这种天气时，一般温度比较高，如果在户外活动，要防止中暑。

乌云接日头，半夜雨稠稠

夏天的时候，凯凯到乡下爷爷家过暑假。今年暑假的时候一直没有下雨，地里普遍都很干旱，比较缺水，爷爷总盼望着能够下些雨。吃完中午饭，爷爷和叔叔商量着，再不下雨就要挑水浇灌庄稼了。

这天傍晚的时候，爷爷站在门口，看到西边的天空出现了一整片一整片的云层，而且愈来愈多，几乎将整个地平线都遮挡住了。太阳落山的时候，正好与乌云接上了头。

看到这一幕，爷爷高兴地说："乌云接日头，半夜雨稠稠。"

凯凯问："爷爷，你说的是什么意思？"

爷爷指着眼前的情景，说："太阳落山时，西边天空的乌云接住太阳，并且乌云自西向东移动，这表明今天半夜里要下雨。"

为什么是这样呢？

因为我国绝大部分地区属于西风带①，上空的气流多半是自西向东走的。如果在我们的西边方向出现了大片大片的云，并且是从地平线向上堆积起来的，这说明西边的天气已经发生变化，刮风和下雨都有可能。

由于大气运动的关系，这种天气一般会跟随着空气的运动向周围移动，多半是向东运动，一定会移动到我们所在的方位的。

①大约位于南、北半球的中间，该区域的空气运动主要是由西向东，在对流层中上部和平流层下部尤其如此。

当然，不排除特殊的情况，在太阳落山的时候，西边天空里也往往会有一片片的云层，但这种云的体积和规模都比较小，尽管也会往与太阳接头，也会往云里走，但不一定会下雨。这是因为这些云层的规模比较小，而四周又都是悬空的，这种云并不是下雨的征兆。只有大片片乌黑的云，并且与地平线连在一起，才表示天气要变化了。

在谈论这句谚语的时候，一定要看清楚云彩的样子，如果是悬空的话就不适合了，不然就会犯错误。

听完了爷爷的讲述，凯凯也观察了这些云的动向。

第二天起床的时候，雨还在淅淅沥沥地下，凯凯赶紧跑去告诉爷爷，"你预测的真准，这下不用去灌溉庄稼了。"

爷爷高兴地点点头。

奇趣小知识：

　　在炎热的夏天容易下暴雨，这是因为夏天蒸发强烈，容易出现强对流天气，积雨云中的小水珠逐渐增大重量，当其超出空气的悬浮能力后就开始降落。可是这些本该降落到大地的小雨滴，在降落过程中遇到上升气流，使小雨滴重新回升到云层的上部，并经常发生反复升降，在这个过程中雨滴不断吸收云中水分，越变越大，最后上升气流再也托不住它了，于是降落到地面形成了特大的雨点，便出现了暴雨。而夏天地面气温高，强对流天气明显，容易形成大暴雨。

鱼鳞天，不雨也风颠

在听爷爷讲述民间谚语的时候，他又听到这样一句谚语：鱼鳞天，不雨也风颠。

凯凯问："爷爷，你刚刚不是说'天上鲤鱼斑，明日晒谷不用翻'嘛，怎么现在又出现一句'鱼鳞天，不雨也风颠'，这两句谚语不矛盾吗？"

爷爷听完后哈哈大笑，"这两种云的形状完全不同，鲤鱼斑的云块比鱼鳞天的云块要大得多，在高度上也高得多。"

该如何解释这两句谚语呢？

什么是鱼鳞天呢？

从气象学的角度来说，鱼鳞天就是在蔚蓝色的天空中，紧密地排列着一些整齐的小云片，有的时候看起来像风吹过水面而成的小波纹。从地面上望去，好像鱼的鳞片一样，斑斑点点十分好看。这种云在气象学中称为卷积云。

卷积云的出现是由于高空大气层不稳定产生波动而形成的。在坏天气来临之前，会出现小范围的卷云或者卷积云，卷积云与卷云、卷层云之间相互关联，相互影响，并系统发展，将会转变为大片卷积云，这种情况的出现，通常预示将有不稳定的天气状况，并将出现阴雨、大风天气。农谚"鱼鳞天，不雨也风颠"即指这样的云天。

和鲤鱼斑云不同的是，鱼鳞天指的是卷积云，高度一般在六七千米以上；鲤鱼斑指的是高积云，一般在三四千米的高空。

听完了爷爷的讲解，凯凯恍然大悟，"云彩这么细微的差别，居然会产生如此不同的结果，看来气象学包含大文章啊！"

奇趣小知识：

卷云：像羽毛像绫纱，丝丝缕缕地飘浮着；卷积云：像水面的鳞波，是成群成行的卷云；积云：像棉花团，上午出现，傍晚消散；高积云：像草原上雪白的羊群，扁球状，排列整齐。

第五章　与气象有关的历史传说

草船借箭——神算子的灵通

我国古典名著《三国演义》中有一篇历史智谋故事《草船借箭》，故事的大意是这样的：

三国时期，曹操亲自出师，率领八十万大军南下，想要征服江南一带。孙权和刘备势力单薄，无法和曹操相抗衡，便打算联手对付曹操。

孙权手下有个得力干将，名叫周瑜，此人智勇双全，可是心胸狭窄，很妒忌刘备手下的军师诸葛亮的才干，便想办法去为难他。后来，他想了一个主意

对付诸葛亮。

因水中交战需要箭，周瑜要求诸葛亮在十天内负责赶造十万支箭。根据当时的人力和物力，这是不可能完成的任务。而诸葛亮却做了令所有人都意外的举动，他告诉周瑜，说："区区十万支箭，何须十天？我三天的时间即可造好。"

不仅如此，诸葛亮还愿立下军令状，完不成任务甘受处罚。周瑜心想，三天之内不可能造出十万支箭，既然他自己找死，正好利用这个机会来除掉诸葛亮。

为了为难诸葛亮，周瑜告诉军匠们不要准备造箭用的任何材料，让诸葛亮"巧妇难为无米之炊"，同时又让大臣鲁肃去探听诸葛亮的虚实。

鲁肃见了诸葛亮。诸葛亮说："这件事要请你帮我的忙，希望你能借给我二十只船，每只船上三十个军士，船要用青布幔子遮起来，还要一千多个草靶子，排在船两边。不过，这事千万不能让你家都督知道，否则就不灵了。"

鲁肃答应了诸葛亮，报告周瑜的时候，只说他不用准备材料，绝口不提诸葛亮的计划。

两天过去了，不见一点动静。周瑜心想：他肯定完不成任务了。

到第三天四更时候，诸葛亮秘密地请鲁肃一起到船上去，说是一起去取箭。诸葛亮吩咐把船用绳索连起来向对岸开去。

那天江上大雾迷漫，对面都看不见人。当船靠近曹军水寨时，诸葛亮命人将船一字摆开，叫士兵擂鼓呐喊。曹操以为对方来进攻，又因雾大怕中埋伏，就从水寨派六千名弓箭手朝江中放箭，一声令下，雨点般的箭纷纷射在草靶子上。过了一会儿，诸葛亮又命船掉过头来，让另一面受箭。

半个时辰之后，太阳出来了，雾要散了，诸葛亮命人赶紧将船往回开。此时顺风顺水，曹操想追也来不及。这时船的两边草靶子上密密麻麻地插满了箭，每只船上至少五六千支，总共有二十条船，总数远远超过了十万支。

鲁肃把借箭的经过告诉周瑜时，周瑜感叹地说："诸葛亮神机妙算，我不如他。"

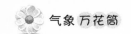

《草船借箭》的故事让很多人都感叹诸葛亮料事如神，诸葛亮真的有那么厉害，能够预测未来的天气吗？

其实这是诸葛亮巧妙地利用天气的缘故，他发现空气潮湿，且连续几天都没有出现阳光，空气湿度越来越重，这是要下雾的征兆。为此，他提出三天的期限。他预测三天之内一定会有一场大雾天气，然后天气会转晴。谚语说"久晴大雾阴，久阴大雾晴"，指的是连续阴天且空气潮湿，会出现一场大雾，这表明天空中云层变薄裂开消散，地面温度降低，这个过程中水汽凝结成雾。等到大雾天气持续一段时间，天气就会转晴。

《草船借箭》的成功是诸葛亮长期观察天气、开动脑筋的结果。

奇趣小知识：

　　早上下雾后，一般天气多很好，这是因为当凌晨的时候，气温降低很多，空气中水分较多，如果当天天气很好的话，早上也就会有阳光或暖流，冷热相遇，凝结成细小的水珠，因此早上的雾就出现了，也就预示着当天会是个好天气。

火烧葫芦谷——山谷风对天气的影响

诸葛亮虽然上知天文下知地理，但也有马失前蹄的时候，在《三国演义》中和司马懿一战就是最好的证明。

公元234年的春天，诸葛亮第六次出祁山攻打魏国，率领大军35万人在祁山安营扎寨。魏国则命令司马懿率领40万兵马去抵抗诸葛亮，他在长安以西渭水一带摆开阵势，准备与诸葛亮决战。

诸葛亮远道而来，粮草是个大问题，他一面命令下属储存粮草，作好长期战争准备，一边亲自去察看地形。当他在葫芦谷查看时，发现这里的地形非常特殊。

聪明的诸葛亮立即意识到这一特殊的地形提供了一个战胜敌人的机会，他心中非常高兴。葫芦谷地处两山之间，地势低洼，入口处非常狭窄，但谷内却非常宽阔，能够容得下上万人。此地正是设防歼敌的绝妙地带。

为此，诸葛亮进行了精心的准备，他用粮草做诱饵，让士兵们将干柴、硫磺、火药等堆藏在粮草下面，同时在谷地两边高山上埋伏了上万名精兵。

接下来，诸葛亮故意透露出消息，蜀军粮草囤积在葫芦谷中。司马懿得到这个消息后，亲率大军前来劫掠粮草，同时在蜀军大将魏延的引诱下，司马懿进入了葫芦谷。

当司马懿等人追进葫芦谷中，准备搬运粮草时，只听一声炮响，山上的士兵投下无数木头、石块堵塞了谷口，与此同时，也丢下无数根火把，引燃了谷

内的干柴、硫磺。

　　转眼之间，葫芦谷硝烟弥漫，火海一片。司马懿的士兵忙乱之中四处逃窜，很多人被烧死、砸死。

诸葛亮

　　恰在这时，忽然狂风大作，乌云密布，接着下起大雨，浇灭了熊熊的烈火。司马懿利用难得的机会，鼓舞士气："老天助我，不杀出去，还待何时？"

　　顿时，士气大振，说时迟，那时快，司马懿带兵奋力冲杀，突出重围。诸葛亮在山上看到这一切，不禁长叹一声说："天不助我！"

　　因为诸葛亮以粮草做诱饵，不仅没有杀死司马懿，粮草也被烧了，只得匆忙撤军。

诸葛亮本打算设计将魏军司马懿等烧死在葫芦谷，然而事与愿违。这果真是老天爷的安排吗？

其实不是，这是当时多方面的地理因素与地理环境对天气影响的结果。

在气象学中，葫芦谷谷地入口窄、腹地阔，两边高、中部低，这种地形不利于空气对流。一旦谷内起火，气温开始升高，贴近地面的空气迅速受热膨胀上升，此时周围的冷空气则收缩下沉，形成强烈对流的山谷风，因此出现了狂风大作现象。当谷底大量热气流上升到一定高度时，空气中的水汽又因气温降低凝结成云雾，再加上柴草燃烧所产生的大量烟尘随空气上升到天空后，又为水汽凝结提供了理想的凝结核，从而加速了水汽的凝聚。这些云雾中的小滴互相碰撞合并，体积就会逐渐变大，最终导致大雨倾盆的局面，从而浇灭了谷内的大火，司马懿才得以脱险。

常言说，"智者千虑，必有一失"，诸葛亮这位上知天文下知地理的军事家，所设的"火烧葫芦谷"一计毕竟是失算了，他万万没有料到是山谷风的形成及其对天气的影响而使他功败垂成。

奇趣小知识：

以我们烧火做饭作为例子，当锅内的温度升高时，锅盖会出现很多水滴，这就是水汽的凝结。葫芦谷内突然下雨就是这个原理。

巧借东风——能够借风的古人

民间关于诸葛亮的故事非常多，为人们所津津乐道，其中诸葛亮借东风的故事是流传最广的一个。

故事发生在三国时期，当时曹操领军80万，南下攻打孙权。孙权所在的东吴国小兵弱，只得与刘备联手，凭借长江天险，据守在大江南岸。

曹操的军队多为北方士兵，不习惯水战。为了减轻战船被风浪颠簸，曹操命令工匠把战船连接起来，在上面铺上木板。这样，船身稳定多了，人可以在上面往来行走，还可以在上面骑马。

然而，这样的话曹操大军的目标大，行动不便。这时，有人提醒曹操防备吴军乘机火攻。曹操却说："现在是冬季，这里只有西北风，如果用火攻，需要刮东风。我们在西北，孙权在东南，如果对方用火攻，岂不是烧了自己？"

周瑜同样也考虑到这个问题，尽管一切都准备就绪，可就是缺少东风，这让他心急如焚。

诸葛亮却并不着急，他对周瑜说："我可以设坛祭神，帮你借东风。"

周瑜对此半信半疑，但没有办法，只能选择相信诸葛亮。

在七星坛上，诸葛亮手持长剑，口中念念有词。果然不一会儿，原本安静的天气突然刮起了风，树叶飘摇起来，并且越摇越厉害。刹那间，东风劲吹，诸葛亮成功地"借"到了东风。

接下来，周瑜又使用反间计，派出部将黄盖，带领一支火攻船队，直奔曹军水寨而去。这些船上装满了硫磺和干柴，外边围着布幔加以伪装。黄盖的船队距离曹操水寨只有二里路了。这时黄盖点燃了战船，在东风的鼓吹，战船像火龙一样，直向曹军水寨冲去。东南风愈刮愈猛，火借风力，风助火威，曹军水寨全部着火。"连环战船"一时又拆不开，火不但没法扑灭，而且越烧越盛，一直烧到江岸上。只见烈焰腾空，火光冲天，江面上和江岸上的曹军营寨陷入一片火海之中。

　　孙刘联军把曹操的大队人马歼灭了，曹操落荒而逃。

　　这次战斗中，诸葛亮"借"东风是最为关键的一环。诸葛亮真的有那么厉害，能够借来东风？

我们
借东风！

其实，谜底并不是这样，而是诸葛亮利用泥鳅，成功地预测到了天气的变化。

两军交战前夕，诸葛亮从当地购买了十多条泥鳅，用水缸把泥鳅养起来，并日夜派人观察，同时命令他们，发现泥鳅肚皮朝上要报告给他。属下不知诸葛亮葫芦里卖的什么药，也不便多问，只得听命行事。

这天下午，属下发现泥鳅突然上下翻腾，相当活跃，折腾一会儿后，个个肚子朝上，喘气似的不停地摇晃着头，就赶紧去报告诸葛亮，诸葛亮急忙赶来，一看便喜笑颜开，现出了从未有过的兴奋模样。接着，他直奔七星坛去"借"东风。

原来，在天气发生变化的时候，空气的压力会发生变化，动物对这种变化很敏感，会出现反常的行为，诸葛亮正是借助泥鳅，预测到了东风即将到来。民间谚语说：春季翘嘴白腾空，不下大雨便是风；夏日蚂蟥浮水面，时不过午要变天；秋天天气要发暴，鲫鱼朝天吹泡泡；十月泥鳅翻肚皮，不等鸡叫东风起。

从气象角度来说，当时刮东风是一次锋面气旋天气。锋面气旋在我国春季最多，秋季较少。它是一个发展深厚的低气压系统，其中心气压低，四周气压高。空气从外围向中心流动，呈反时针方向旋转。所以，处于气旋前部（即东部）的地方，吹东南风；气旋后部（西部），吹西北风。当连续吹东南风时，往往预示天气将要变坏。天气谚语说"东南风雨祖宗，西北风一场空"和"东风雨，西风晴"是有一定科学依据的。

因此，诸葛亮在冬季初的十一月，根据当时长江中下游地区的天气变化，预测将有东南大风出现，并进一步推断天气还要恶化，这是符合天气演变规律的。

奇趣小知识：

关于动物在天气变化前的反应，还有几句谚语是这么说的：六月蚂蚁要拦路，下午大雨就如注。

仙雾缭绕——茫茫无边的仙境

凯凯陪奶奶一起看电视剧《西游记》，当看到烟雾缭绕的山林时，凯凯好奇地睁大眼睛，指着电视中的画面问奶奶："那些烟是什么？它们是怎么来的？"

在一旁看报纸的爸爸抬起头，说："那是气体，用干冰做的。"

凯凯点点头，"那景色真的太美了，咱们周围有吗？"

爸爸没有回答他，而是对他说："过几天我带你去黄山游玩，到了那里我再告诉你。"

几天后的一个凌晨，经过几个小时的行程，他们爬上了黄山，眼前的场景让凯凯大为惊叹：云雾缭绕将黄山峰林装扮得犹如仙境，站在其中仿佛进入梦幻世界。

云海是如何形成的呢？以最为著名的黄山云海为例，黄山的地势面貌是山高谷低，林木茂密，平时接受太阳照射的时间短，导致水分不易蒸发，湿度大、水气多。尤其是在雨后，效果更明显，经常能够看到薄薄的水雾。

云海主要是由低云[①]和地面雾形成的，低云主要是层积云。黄山每年11月至次年3月期间，大量的云海由层积云形成，只有很小一部分由层云或雾形成。

---

①物理学中云底高度低于2500米。

11月到次年3月主要是冬春季节，这个季节大气中低层的气温低，层积云的凝结高度低，大约在800至1200米之间，气温较低。尤其是在雨雪天气后，常出现大面积的壮观的云海。

在进入夏季后，气候进入梅雨季节，随着气温升高，云的凝结高度升到1500米左右，云层高度超过或接近大部分峰顶，这时候就不容易看到云海。

7月至8月是盛夏时节，此时由于黄山常受太平洋副热带高压控制，气温上升，低云的凝结高度也上升到全年的最高度。山的阴面湿度大，容易形成对流。上午到午后，山头周围常有淡积云和浓积云形成，但由于云层高于峰顶，因而云海少见。在傍晚或早晨，偶尔可以看到由积云、层积云形成的云海，但由于环流影响，极易破坏，云海维持的时间较短。

在进入秋季之后，由于北方冷空气的影响，气温下降，低云的凝结高度也随之下降。冷空气过后，常出现层积云较高的大面积云海。

听完爸爸的详细讲解，凯凯对这一切有了更深入的了解。顾不得留恋，他们又向更高的目标迈进。

奇趣小知识：

云海飘浮在空中，飘浮在地表上空的则是秋冬季节常见的雾。在特殊的条件下，如水气充足、及大气层稳定的情况下，接近地面的空气遇冷到某种程度时，空气中的水汽便会凝结成细微的水滴悬浮于空中，使地面水平的能见度下降，这时便形成了雾。

相风铜乌——最早的天气预报

天气预报的重要性不言而喻，它影响着人们的日常活动。如今人们外出，会选择收听或观看天气预报，就可以决定是否带雨具，是否进行某些必要的活动。

天气预报是人类文明发展的成果，利用地面观测、高空观测以及雷达、火箭和人造卫星来探测周围和更高层大气的气象要素。

然而，在古代，没有雷达、火箭以及卫星的时候，人们是如何预测天气的呢？

从出土的甲骨文以及有关的书籍介绍，在古代，人们预报天气主要依靠阴阳五行与占卜，根据阴阳五行的原理，将世界万物分为阴、阳两种状态以及金、木、水、火、土五种形式，依照阴阳五行的转化规律进行天气预测。在甲骨文上就已经出现风、雨、雪、云等有关的记录，当然，这只是最初的阶段。

在春秋战国时期出现了指导农事历法的二十四节气，它是根据太阳在黄道上的位置而划分的。二十四节气能够反映季节的变化，指导着农事活动，影响着千家万户的衣食住行，后人总结出了如今朗朗上口的二十四节气歌。

作用和效果比较明显的是看云和风识别天气以及观察动物预测。在吕不韦主编的《吕氏春秋》中有"山云、水云、旱云、雨云"等记录，这是对不同天气的云进行了简单分类。

同时古人还根据云层的颜色、厚薄总结出了一系列与天气有关的谚语，如

"天有城堡云，地上雷雨临" "东风送湿西风干，南风吹暖北风寒"等。

在根据动物预测天气方面，同样出现很多谚语，如燕子低飞、青蛙鸣叫、蚂蚁搬家、蚯蚓出洞都是下雨的前兆。

但最接近如今的天气预报的是张衡发明的候风仪，又叫相风铜鸟，这种仪器制作流程非常简单，即在空旷的地上立一根五丈高的杆子，杆子上装一只能够灵活转动的铜鸟，根据铜鸟的转动方向便可确定风向。

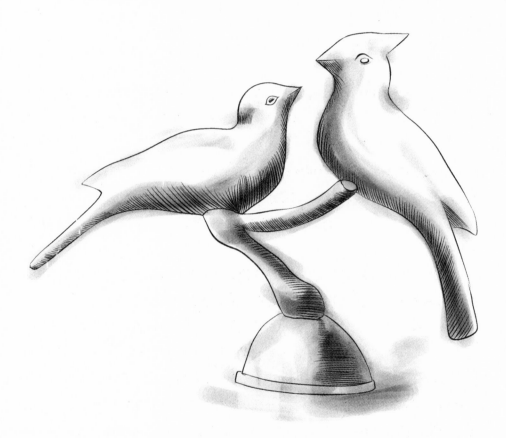

如今看起来这种方法非常简单，但在当时是非常了不起的成就。相风铜鸟在晋代经过改造，将铜鸟改为木鸟，木鸟比铜鸟更加轻盈，可以预测更微小的风，多设置在城墙上以及朝廷设置的天文、交通等部门。

对相风铜鸟的存在与否，一直存在着较大的争议。直到1971年在河北出土的东汉古墓中，发现一副建筑鸟瞰图，图中的一座钟楼上立有相风铜鸟，从而证明了相风铜鸟在汉代就已经出现，是世界上最早出现和使用的测风仪。

当然，古人们预测天气大多还是靠实践中积累的经验，有些方法不尽科学，而且准确率相对较低，但这却充分反映了我国古代劳动人民的智慧。其中许多天气的预测方法对我们今天依然有重要的指导意义。

奇趣小知识：

医院和家庭生活中使用的温度计内存储的是水银，通过把水银管做细提高灵敏度，以热胀冷缩为原理，当体温高时，水银会在较短时间内增大体积，从而显示出人的当前体温。

燕子精灵——飞得低就要下雨

　　凯凯从一本动物书中看到了小燕子充当"天气预报员"的角色，能够成功地预测出天是否要下雨，他觉得不可思议。后来，他又听到爷爷说的气象谚语：燕子低飞要下雨。

　　这句谚语不禁让他心中出现了疑问，为什么下雨前燕子要低飞呢？

　　为了彻底弄清楚这个疑问，他决定在周末的时候观察一下。周日的下午，他从家里跑出来，到楼下小区里找燕子，因为天气预报说那天要下雨。

　　果然，在凯凯走下楼没有多久，天忽然暗了起来，眨眼之间乌云密布，整个天空就像要塌下来似的。他抬头看了看，眼前几个移动的小黑点越来越清晰了，这些小黑点就是小燕子。

　　他认真地观察着，这几只小燕子开始低空表演了，交叉着俯冲向地面。其中有一只从他的头顶掠过，几乎伸手就能捉到。

　　看到这一切，凯凯高兴得手舞足蹈。他的努力没有白费，他亲眼看到了这一切。

　　此时，一个疑问在他的心中出现，这些小燕子究竟要干吗？

　　他躲在一块大石头旁仔细观察，发现燕子嘴里衔着一条小虫，津津有味地吃着。

　　凯凯心里默默地说道："难道……燕子低飞就是为了捕虫觅食？"可转而一想，"不对，平时它们总是飞得高高在上呀。"

恰在此时，爸爸经过看到了他，他将事情的经过告诉爸爸。

爸爸说："我带你到楼上你就知道问题的答案了。"

于是，凯凯和爸爸连忙爬上楼梯到三楼的平台上。顿时，凯凯感到空气非常沉闷、潮湿，让他喘不过气来。

爸爸问："你现在是不是觉得非常闷？"

凯凯点点头。

爸爸说："因为上面的气压低，所以燕子下雨前总爱在低处飞。"

关于燕子在下雨前选择低飞的原因，气象学家给出了解释：

1.每当天气要下雨前，由于空气中的水汽含量急剧增加，大多数的昆虫翅膀都沾了水珠，不能自由伸展和飞行，只能沿地面爬动，燕子低飞是为了捕捉到食物。

2.在下雨前气压会降低，温度增加，一些生存在土壤中的昆虫需要爬出洞外呼吸新鲜空气，这就给燕子捕食提供了大好机会，因此下雨前燕子常低飞捕食。

3.即将下雨前，气流比较乱。燕子在飞行的过程中，需要借助风力。快下雨时，风向和风速都比较乱，燕子自身得不到合适的风力使它高飞，它要避开这些比较乱的风，就需要飞低。

4.燕子为了避免遭到雷电、雨点和冰雹的打击，也会在下雨前低飞。

凯凯通过自己的实践观察，结合查阅的科学知识资料，解开了"燕子低飞要下雨"这句谚语产生的原因了。

 奇趣小知识：

在下雨前，蛇会过道，这是因为蛇天生对自然灾害或天气变化敏感，当感觉要下雨时，就要从洞穴中出来寻找高地以及更加干爽的地方。

智筑冰城——骤冷的天气是怎样产生的

《三国演义》中除了诸葛亮之外，还有很多能人异士，这里所讲到的也是一位很聪明的人，利用气象学知识成功地击退敌人，取得了胜利。

三国时期，曹操想平定中原，解决后顾之忧。于是他亲自率领大军讨伐西凉，战局进展得很顺利，第一战就成功地杀死了西凉首领马腾。

然而，马腾的儿子马超乃三国赫赫有名的虎将，他发誓要报杀父之仇，于是就亲率兵马东进，迎战驻扎在渭河附近的曹军。曹操远道而来，人困马乏，还没有得到充分休整，就投入战斗，被马超打得大败，兵力损失惨重。曹操为保存实力，防备马超的连连偷袭，于是命令曹军将士用渭河的沙土修筑营寨大墙，阻挡马超前进。

由于沙土与黄土不同，沙土粒粗，不容易黏合，无法筑成高大的防范寨墙，曹操因此而忧心如焚。

在危急关头，当地有位隐士求见曹操，献上了一条击退马超的良策，他说："连日来渭水一带阴云密布，夜间必定会刮北风，倘若北风一起一定会天寒地冻。当风起之时，可以命令士兵堆土泼水到天亮，天明之时，一座坚固的冰土城就会建成。"

曹操听完之后拍手叫好，并依计而行，令士兵一边泼水一边堆土，一夜之间一座白色的"冰城"营寨果然筑成。

第二天，马超率兵又前来攻打营寨，马超与部下来到营寨前一看，都大为震惊。一座冰城从天而降，阻挡了马超的去路。马超自恃西凉兵强悍善战，以为这沙土筑的城墙肯定不堪一击，随即命令士兵攻城。

然而，由于冰城险峻光滑，西凉兵久攻不下，损失也相当严重，官兵士气低落，军心开始动摇。此时、静候在"冰城"内的曹军趁机冲出营寨，一举击溃了马超的西凉军，最后得以胜利。

能够取得这场胜利，曹操正是听取了这位隐士的良策，利用这种冷锋天气的变化，运土泼水筑成冰寨城墙，保存了实力，稳定了军心，鼓舞了将士们的士气，从而一举击溃了西凉马超。

在气象学上，骤冷的天气是怎样产生的呢？

原因很简单，这是气象学中的冷锋天气。曹操平定中原的季节恰是农历十月，刚刚入冬，此时我国北方大部分地区会经常出现恶劣的冷锋天气。

每当冷锋过境时，南来的暖湿气团被迫抬升，再加上地势高峻，加剧了冷空气的强度，因此在抬升暖湿气团时很容易出现大风天气。大风来自西伯利亚寒流，温度会迅速下降。冷锋过境后，该地区又被冷气团所占据，其较高的地势使气温进一步下降，天气骤冷，天寒地冻，在这种气象和天气条件下，极易结冰封冻。

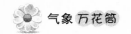

奇趣小知识：

　　影响中国气候的主要是西伯利亚冷空气，西伯利亚冷空气在入冬之后会从三路影响我国的天气，主要是从蒙古东中部南下，影响中国东北、内蒙古东中部和山西、河北及以南地区。另两路是：中路从蒙古中西部东南下，影响中国内蒙古中西部、西北东部、华北中南部及以南地区；西路从蒙古西部和哈萨克斯坦东北部东南移，影响中国新疆西北部、华北及以南地区。

第六章　气象学史上的未解之谜

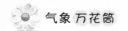

避风亭——探测神秘的避风亭

　　凯凯和爸爸妈妈一起到山东蓬莱去旅游，在计划中，爸爸特地提到要到避风亭去参观。

　　凯凯问："爸爸，避风亭是什么地方？"

　　爸爸回答说："避风亭是一个很奇妙的景观，可以说是中国人民勤劳智慧的代表作。"

　　凯凯问："它到底有什么奇特之处？"

　　爸爸回答说："这个避风亭，西、南、东三面都没有窗户，只有面对大海的北面设有门窗，而且常年敞开。不管外面刮什么风，风力有多大，在厅内都很难感觉到。"

　　凯凯说："怎么会这样？"

　　在山东省蓬莱县的丹崖山顶上有个很奇妙的景点——蓬莱阁，它的西侧有座避风亭，建于明朝正德八年，也就是1513年。根据史书记载，当初修建这个亭子主要是为了观看海市蜃楼，所以这个亭子又称为"海市亭"。

　　避风亭的地理位置坐南朝北，面对苍茫大海，是一座非常奇特的建筑物。它立于陡峭的悬崖峭壁之上，东、西、南三面没有窗户，只有面对大海的北面门窗且常年敞开。奇妙的是，不管外面刮什么风，风力有多大，在亭内甚至能够听到"风声满楼"，却丝毫感觉不到有风。

　　天南地北的游客来到这里，都要兴致勃勃地感受并试验一番。具体试验的方法是在亭内点燃纸，你会发现冒出的烟直上屋顶，丝毫不晃动。游客们纷纷赞叹其神奇之处，却无法解释出其中的原委。

避风亭为何能够避风呢？奥秘就在于巧妙的设计。

原来，避风亭的北面是一堵高高的石壁墙，而且在亭子前面十米左右的地方还有一堵一米高的城墙，这两堵墙紧密相连，且城墙为弧形，当北风吹至弧形墙壁时，便形成一股强烈气流急剧上升，飞越亭脊，向南而去，亭内便无风可入，这样在北面的厅门前就有一道弧形的防护体系。

除此之外，再加上亭子东、西、南三面均为墙壁，只有北面留有门窗，空气不能对流，因此即便门窗洞开，大风呼啸，亭内也感觉不到。

当初建造这个亭子时，充分利用山形地势和流体力学的原理，才使得这个亭子能够成功避风，这充分显示我国劳动人民的聪明才智。

听完爸爸的讲述之后，凯凯摩拳擦掌，迫不及待地想一睹神奇。

奇趣小知识：

中国的河西走廊也是一处奇异的风景，它的四周都是沙漠型气候，常年高温少雨，而唯独河西走廊是一片绿洲，与周围的气候截然不同。这是因为祁连山整个山脉的北面由于受到山顶冰川的雪水灌溉，加上黄河突然在这里北上，从而形成了今天的河西走廊。而南面则没有那么好的运气了，只能是荒无人烟的环境。

单刀赴会——鱼儿们的大聚餐

　　爸爸所在的企业组织员工家属聚餐，凯凯和妈妈作为家属有幸参与。凯凯非常高兴地说："太好了，终于有机会好好玩了。"

　　他转身对家里养的金鱼说："哈哈，你不能去参加聚餐，真是可惜了。"

　　爸爸笑着说："你怎么知道鱼儿不能参加聚餐？事实上，鱼儿聚餐可比我们聚餐丰盛多了。"

　　凯凯摇摇头，"鱼儿怎么也会聚餐呢？"

爸爸说："鱼儿聚餐的规模庞大，甚至有的鱼儿还只身一人，单刀赴会。"

凯凯赶紧让爸爸告诉他事情的来龙去脉。

在墨西哥湾附近，有天晚上，渔民将轮船停泊在海面上，除了甲板上的值班人员之外，其他的人在劳累了一天之后，都进入了梦乡。

突然，一阵奇怪的声响传来，把酣睡的渔民都惊醒了。他们以为遇到了突发状况，甚至顾不得穿好衣服就纷纷往船舱外面跑，聚集在甲板上向海面张望。

借助微弱的灯光，只见海面上浪花四起，无数小亮点在海中闪烁，像闪闪的星星，奇怪的景观让现场的所有人都惊呆了。

"看！好多鱼，鱼！"有人指着海面惊叫起来。

这个时候，甲板上所有的灯都点亮了。借助灯光，大家看到成群的鱼虾围着考察船乱转。它们上蹿下跳，像发了狂似的，时而冲出水面，时而潜入水中。

经过观察，发现现场有鲨鱼，有海豹，有鲸鱼，还有不计其数的叫不上名字的鱼儿，这是一场难得的"群鱼会"！

这种情况持续了好几个钟头，直到太阳快要从海平面徐徐升起，才慢慢平息下来。等到火红的太阳升起来时，海洋却又恢复了宁静，仿佛没有发生过任何事似的，海面上连一条鱼的影子也找不到了。

后来，动物学家经过研究发现，原来，鱼儿们的大聚会是在此寻找食物。这是两股方向不同的海流相遇时才会出现的。两股海水相遇"见面"时，就会产生翻滚的浪花，更会促成两股水流中的鱼类盛会。特别是在寒流①与暖流②相会时，情景更是蔚为壮观。

这是因为暖流和寒流相遇时，会造成海水上下翻腾，就像翻土机翻土一

---

① 寒流：是指从高纬度流向低纬度去的海流，由于太阳照射时间短，水温比沿途的海水低，好像是一条冷却管路，人们就称为"寒流"。

② 暖流：从赤道附近低纬度流向高纬度去的海流，水温比沿途的海水高，好像一条巨大的天然暖气管路，把低纬海区的热量源源不断地送向两极地区，称为"暖流"。

样，将下层的泥土翻腾到表面。寒流和暖流相遇，海水翻腾会将底层丰富的营养物质翻到表层。另外，暖流与寒流相遇，水温适合，不冷不热，促使浮游生物迅速繁殖起来。这些浮游生物是鱼儿们的美食，这些充满了美食的海水，简直成了美味的肉汤，于是鱼虾和海鸟都从四面八方赶来"赴宴"了。

另外，寒流和暖流本身会携带大量的鱼类，鱼的种类也更加丰富。例如，世界上一些著名的大渔场，像我国东海的舟山渔场，日本的北海道渔场，加拿大的纽芬兰渔场，北欧的挪威渔场，都处于寒暖流的交汇地点。

正是因为寒流与暖流的交汇，才给鱼儿提供了丰富的养料，这正是鱼儿们大聚餐的秘密所在。

听完了爸爸的讲述之后，凯凯睁大了眼睛，"大自然太神奇了。"

奇趣小知识：

　　中国最大的渔场舟山渔场，就是因为有台湾暖流和沿岸流交汇，使水流搅动，养分上浮，适合鱼类生长、繁殖。

井龙王——神通广大的泉眼

凯凯爷爷的家乡有一口神奇的井，能够准确地预报天气。当地很多人都说井里面住着老龙王。那口井深度有6米，正常水位1.3到1.5米，井水清澈且甘甜。遇到干旱的时候，附近水井的水位会下降，这口泉水井依然水量不减，非常稳定。然而，如果这口井的水位突然下降40厘米左右，而且水变得混浊不堪，就预示着会下雨。

凯凯觉得很不可思议，他问爷爷："为什么会这样？"

爷爷摇摇头，具体的情况我也解释不清楚。

后来，过完暑假回到城里，他向爸爸求教这个问题。

爸爸摇摇头说："我也解释不清楚这件事到底是怎么回事，不过现实中还有很多这种事情。"

接下来，爸爸将他听到和看到的事情都告诉了凯凯。

在四川长宁县有一口井，井里面有两个泉眼，一左一右，奇怪的是，这两个泉眼里涌出的水的味道一点都不相同，一淡一酸。如果堵住其中一个泉眼，另外一个泉眼就会立即停止往外涌水。放开以后，两个泉眼又会继续涌水。这是什么原因，人们还没有弄清楚。

在江西省紫阳镇内有一口井，这口井的水呈现出两种味道，一酸一甜。更加离奇的是，这口井的水每隔一日换一种口味，今天是井水甘醇可口，明天就会是有点酸，周而复始。至于原因，当地人也无法解释。可惜的是，近年来由于水位下降，这口井慢慢失去了功用，也就荒废了。

同样，在海宁盐官景区附近有一口井，井圈由整块青石雕琢而成，青石直径15厘米左右，内围呈圆形，井口直径大约30厘米，外围呈八角形。据当地人介绍，这口井已经有上百年的历史，但是井水依然很清，入口还有点甜。

据说这口井属于一个姓姚的地主家。在抗战的时候，日本人一把火把姚家烧了，姚家败落了，只剩下这口烧不掉的井留到现在。

令人匪夷所思的是，这口井井水烧水煮饭都正常，唯独熬白米粥，颜色就像绿豆汤一样。

科学家经过考察，确认了这件事。然而，他们也没有解开这个谜团。

在当地却流传着这样一个说法：姚家人每次清理井底时，都会放一大包绿

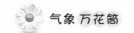

茶，然后用大石压在井底，据说是为了清洁水质，保持井水的口感。但这个说法并没有科学道理。

此后，为了寻找原因，有人清理了这口井，发现井底确实有块大石，但没发现茶包。再说，如果真是这样，烧水煮饭也一样会变绿，可是为什么单单在熬粥时才会变绿呢？

为此，科学家认为，这可能是井水中含有某种淀粉与其他化合物起了某种化学反应导致的。具体什么原因，还没有得出结论。

听了爸爸的讲解，凯凯觉得很奇怪。他说："原来还有这么多未解之谜啊！"

爸爸点点头，"你一定要好好学习，争取以后解开这些难题。"

奇趣小知识：

　　在地震前夕，井水水位会发生变化，且会变混浊。在一些偏远山区，这可作为预测地震的一种方式。

杀人凶手——不会动的杀人凶手

你相信石头会杀人吗？这件未解之谜在人类社会中真实存在着。

在非洲的一个原始森林中生存着各种凶猛的肉食动物。令人意外的是，这么一个生存环境极其恶化的地方，居然生存着一个古老的部落，这个部落的人能说的语言不多，但他们却拥有着超强的适应能力，在这个险象环生的环境中，居然顽强地生存下来。他们并不惧怕这些凶猛的肉食动物，反而以这些动物为食。但他们却唯独对一块不会动的石头充满畏惧。

随着人类文明的发展，这个部落开始接触现代文明，他们向当地政府反映令他们恐惧的事情——他们长期生存的耶名山东麓总有一种飘忽不定的光环，尤其是雷雨天，更是明显。

这个部落的人宣扬这里藏着他们历代首领的无数珍宝，从钻石首饰到各种宝石雕刻的骷髅，应有尽有。神秘的光环是在一次地震后从地缝中透出来的。这个说法的真实性无从考证，当地政府只是象征性地记录下来，却无法去证实其真实性。

然而，接下来的一件事情，让当地政府陷入前所未有的困境。当地政府为了了解事实真相，派出了以阿勃为队长的八人探险队进行实地考察。

很不幸运的是，他们刚到达这里，就下起了大雨。在电闪雷鸣中，队长阿勃清晰地看到不远处的那片山野的上空冉冉升起一片光晕，色彩炫目，让他一度难以相信自己的眼睛。接下来光晕由红色变为金黄色，最后变成碧蓝色。暴

雨穿过光晕，更使它姹紫嫣红。

雨势渐渐小了下来，阿勃不顾山陡坡滑，道路泥泞，下令马上进发。在那片山野上，他们发现躺着许多死人。这些尸体姿势扭曲，牙床紧闭，表情痛苦。从尸体看这些人已经死去很长时间，但奇怪的是，在这炎热的地方，这些尸体竟没有一点儿腐烂。

队长阿勃猜测这些人可能是不听劝告偷偷进山寻珍宝的。可是他们为什么会莫名其妙地死去呢？

为了进一步了解真相，队长阿勃命令队员四处搜寻线索。在搜寻的过程中，一名队员发现从一条地缝里发出一道五颜六色的光芒，色彩不断变幻。

队长阿勃开始相信那个传说，这里或许埋着很多宝藏。经过一个多小时的挖掘，这八个人终于从泥土中清理出一块体积庞大的椭圆形巨石。半透明的巨石上半部透着蓝色，下半部泛着金黄色光，通体呈红色。

八位探险队员们费了九牛二虎之力将巨石挪到土坑边上，正准备进一步研究之时，其中一个队员突然叫道："不好，我四肢发麻，全身无力！"随即，另一位队员也说："我的视线模糊不清！"队员们纷纷开始抽搐，相继栽倒。此时，只有队长阿勃还保持清醒，他想这可能与那块巨石有关。

他不由得想起那些死因不明的尸体，浑身不禁一颤。为了救同伴，阿勃强拖着开始麻木的身体，摇摇晃晃地向山下走去，准备叫人来。刚走下山，他就一头栽倒了。过路的人发现了躺在路边的阿勃，把他送进了医院。经抢救阿勃终于清醒了过来，并将所发生的事告诉人们。之后，他又闭上了双眼。医生检查发现，阿勃受到了强烈的放射线照射。

当地政府立即派出大量救援队赶赴山上抢救其他七名探险队员，但不幸的是，当找到他们时，他们已经全部丧生。而那块使许多人丧命的"杀人石"，却从陡坡上滚下了无底深渊。

这件事情引起很多人的震惊，世界各地的科学家们想解开"巨石杀人"之谜，但因找不到实物而无法深入研究，这成了自然界一个未解之谜。

奇趣小知识：

一些特殊的物质会放出人类用肉眼看不见也感觉不到的射线，只能用专门的仪器才能探测到。这种射线可能对人类的身体健康产生危害。

神笔马良——在沙漠里作画

和爸爸一起参观图片展的时候，爸爸在一幅介绍非洲文明的图片前停下来，目不转睛地看着图片中的介绍。

凯凯问："爸爸，你在看什么？"

爸爸回答说："我在看撒哈拉沙漠中的壁画介绍。"

在凯凯的印象中，撒哈拉沙漠是一个一望无际的大沙漠，怎么会有壁画呢？

撒哈拉沙漠是世界第一大沙漠，气候炎热干燥，常年无雨。然而，令人疑惑不解的是，在这极端干旱、缺水、植物稀少，不适合人类生存的地方，竟然拥有过高度发达的文明。

关于曾出现过文明最有力的证据，是沙漠上出现了很多风格各异、栩栩如生的大型壁画，这是远古人类文明的结晶。

然而，如今这些壁画的绘画年代已经难以考察，而且壁画中奇形怪状的图像所包含的寓意也难以解开，这成为人类文明史上的一个谜团。

壁画的内容丰富多彩，技术和手法都相当复杂。从笔法的角度来看，线条一般比较粗犷，作画所采用的颜料来自不同的岩石和泥土，经过科学家研究发现，这些岩石和泥土分别为红色的氧化铁、白色的高岭土、绿色或蓝色的贝岩等。壁画是台地上的红岩磨成的粉末加上水作为颜料绘制而成的，颜料水分充分地渗入岩壁内，与岩壁长久接触而引起了化学变化，两者最后融为一体。因此，尽管这些壁画经过几千年的风吹日晒，颜色依然鲜艳夺目。但不难看出，远古人类就已经掌握了这些技术，可见当时文明的发达程度。

壁画中形象最多的是强壮的武士，象征着权力，表现出一种凛然不可侵犯的威武神态。他们形象各异，有的手持长矛、圆盾，乘坐着战车，似乎在宣示强大的战斗力。

除此之外，在其他壁画人像中，有的身缠腰布，头戴小帽；有的则是在敲击各种乐器，翩翩起舞；有的作献物状，似乎是欢迎"神仙"降临。从这些画面上看，当时人们生活和风俗习惯的重要内容是舞蹈、狩猎、祭祀和宗教信仰等。

除了人物形象之外，壁画中还有很多动物形象，这些动物形象千姿百态，各具特色，例如有动物脚踩云雾，四蹄腾空，好像在飞行一般。这些动物的肖像同样栩栩如生，创作技艺高超，可以与同时代任何杰出的壁画艺术作品媲美。

从这些奇怪的图像可以推测出古代撒哈拉地区的自然、人文风貌。

从其中一些壁画还可以读出撒哈拉地区的自然面貌变化情况。例如，在一些壁画上出现有人划着独木舟捕鱼的图像，这说明撒哈拉沙漠曾有过水流不绝的江河。吸引人们关注的是，壁画上的动物在出现时间上有先有后，从最古老

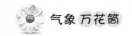

的水牛到鸵鸟、大象、羚羊、长颈鹿等草原动物，动物的肖像是从水生到陆生的这个过程，说明撒哈拉地区气候越来越干旱。

这些壁画是1850年德国探险家巴尔斯首先发现的，在探险的过程中，他无意中发现岩壁中刻有鸵鸟、水牛及各式各样的人物肖像。

此后，法国人发现了长达数公里的壁画群，全绘在受水侵蚀而形成的岩阴上，五颜六色，色彩雅致、调和，刻画出了远古人们生活的情景。

经过宣传报道，撒哈拉逐渐吸引人类的关注，欧美一些国家的考古学家纷至沓来。1956年，亨利·罗特率领法国探险队在撒哈拉沙漠发现了1万件壁画；第二年，他将总面积约11，600平方英尺的壁画复制品及照片带回巴黎，一时成为轰动世界的奇闻。

从发掘出来的大量古文物来看，距今约1万年至4000年前，撒哈拉不是沙漠，而是大草原，是草木茂盛的绿洲，当时有许多部落或民族生活在这块美丽的沃土上，创造了高度发达的文明。

到了这里，问题出现了。是谁在什么年代创造出这些规模庞大的壁画群？刻制巨画又有什么目的呢？尤其令人不解的是，壁画中的人都有奇特的头盔，其外形很像现代的宇航员头盔。为什么头上要罩个圆圆的头盔，这些画中人为什么穿着那么厚重笨拙的衣服？

这些都给我们提供了许多值得探究的课题，给人类留下难解之谜。

一次小小的图片展大大丰富了凯凯的知识，他立志好好学习，去解开这些未解之谜。

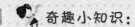 奇趣小知识：

铁锈的主要成分是氧化铁，与大气中的水分和氧气反应，铁便会生锈。铁锈的用途非常广泛，用于油漆、油墨、橡胶等工业中，可做催化剂和玻璃、宝石、金属的抛光剂，还可用作炼铁原料。

石头大仙——五花八门的奇石

生活中，石头随处可见，它是大自然的产物。在石头群体中，有一些奇形怪状的石头让人们惊叹，但也有一些石头的惊奇之处让人们叹为观止。下面，我们将罗列出几种令人叹为观止的石头。

1. 会流泪的石头

人会流眼泪并不奇怪，你听说过石头也会流泪吗？

在法国与西班牙交界处的比利牛斯山中，有一块会哭的岩石，人们称它为"哭岩"。据当地人介绍，这块岩石不足30米高，在外形上并没有什么奇特之处，是一块很普通的石头。但在天气晴朗的午后，它会发出哭声，非常像受了委屈的女孩子。这一奇观吸引了世界各地的旅游爱好者，纷纷前来兴致勃勃地听"哭岩"的"表演"。

无独有偶，在缅甸北部的森林带中同样有一块会哭的奇异岩石。这块岩石的外貌和比利牛斯山中的"哭岩"很接近，都是很普通的石头，并无奇特之处。它也会哭泣。和"哭岩"不同的是，这块石头是每逢阴雨天会哭泣，会发出像人类哀号般的哭泣声。这块石头被缅甸政府列为奇观之一，为缅甸招来不少游客。

关于这两块会哭的石头的奥秘，地质学家多次进行实地考察，但仍未能解开。

目前，唯一能够经得起推敲的结论是岩石由于气候的变化而产生了某些反应，从而发出类似人类哭声的现象。

2.身怀六甲的石头

在江苏地区有一种"身怀六甲"的怪异石头，当地人为其取名"孕子石"，从外观上看，它呈灰黄色，质地坚硬，与普通石头相比较却并无异常。

然而，令人惊奇的是，当人们用铁锤把它敲开时，里面就会滚出很多直径两厘米左右的小石子，这些石子呈椭圆形，颜色比母石稍微淡一些，好似母石生下的小石子。当地人认为该石头能够给人带来好运，很多夫妻先后来求子。

至于石头为什么能够生小石子，地质工作者认为，这种石头怀子的现象，可能和石头本身的特殊物质有关系，但要深究却无法解释其成因。

3.石头能够报时

石块能够准确报时，这种奇闻可能会让很多人大吃一惊。事实上，确实有这种石头存在。在澳大利亚中部阿利斯西南的茫茫沙漠中，一块巨大的岩石让游览者惊叹不已。这块巨石周长约为8000米左右，高度达348米，重量估计在数千万吨以上。

当然，这块巨石报时，并不像播报员那样告诉你现在是具体的几点几分，而是用颜色来告诉人们是早上、中午还是晚上。早晨太阳从东边升起时，它是棕色；到了中午，烈日当空的时候，它会变为灰蓝色；傍晚，日落时分，它又变为红色。

当然，这种颜色的变化要视天气情况而定。如果天气转阴，那这座小山的颜色变化就不是特别明显。即使是这样，能随着阳光的强度而改变颜色，已经让它十分出名了。

地质学家经过研究后认为，巨石之所以会变换颜色，是因为它的成分中含有某些随着温度和日照变化而发生变化的东西。还有一种观点认为，这个巨石在沙漠中起到了一面镜子的作用。在不同的时间里，岩石反射太阳光的角度不同，呈现出的颜色也有差别。

4.会发出香味的巨石

在南美洲中部有一片原始森林，群山环抱、人迹罕至。这里因为人烟稀少，植被茂密，没有受到污染，生长着各种药材，药用价值也比其他地方产的药材高，因此很多人都到这里采药。

在这个过程中，当地人发现了一块能够发出香味的巨石，这块石头呈棕褐色，会不断地发出香味。如果用手掌轻轻地摩擦石头，香气便会沁入手掌中，大概能够存留15分钟。

后来，经过地质学家的考察，发现这块石头的香味会随着气温的变化而发生变化。在早晨露水未干时，香味会非常淡；到了中午，经过太阳的炙烤，味道就会变得特别浓烈；等到傍晚，味道恢复了淡淡的状态。如果是连日的酷暑，味道会异常浓烈，闻起来很接近香水。

地质学家认为，这可能是鲜花常年堆积的结果，花盛开或者落败的时候，都会有大量花朵坠入土壤中，而这块石头经过漫长的岁月从土壤中露出来，就出现了这种特殊的香味。

当然，这仅仅是猜测，具体的情况还有待进一步考察。

5.会行走的石头

在俄罗斯的东北部地区，有一块能够自行移动位置的石头。这块石头呈蓝

色，直径近1.5米，重达数吨。近400年来它已经数次变换过位置。

最为明显的是，20世纪末，当地人想用它作为材料建造一座钟楼。可是在移往建筑工地的途中，它坠入了湖底。50年后，这块巨石竟然"走"出了这个湖，并向南移动了几公里之远，并且留下了足迹。

这种现象引起了很多人的好奇，科学家对其进行研究以及定期测量，果然发现这块石头在短短的四个月的时间内又改变了位置，甚至"行走"了长达23米的路程。

科学家认为有些石头之所以会"走路"，要么是河水冲刷，要么是被风吹动，可是关于这块石头的谜底却无法解开。

奇趣小知识：

　　石头是在地球形成和演变的过程中形成的具有一定元素组合和形状的固体，是构成地壳的重要组成部分。石头一般都很坚硬，成分差别大，用途各有不同。

石头下蛋——会生蛋的石头

凯凯从地质博物馆参观回来之后，对爸爸说："爸爸，今天我在博物馆看到了一个很奇怪的事情。"

爸爸问："什么事情？"

凯凯回答说："我在里面看到一个介绍，说石头会生蛋。怎么可能呢？"

爸爸听了之后，没有直接回答凯凯的问题，而是让凯凯看了一篇网络上的介绍。

在贵州省黔南州就有这种能够生蛋的石头，在三都水族自治县姑鲁坡脚姑挂村附近的山谷水溪旁边，有很多向外突出的圆溜溜的光滑石蛋整齐地排列在石壁上。凯凯从图上看到，这些石蛋呈斜线排列，有的已经大半露出山体，随时都可能跌落下来。在另外一张图片上，还有很多石蛋仿佛要从悬崖绝壁上掉下来一样。在谷底，已经有很多石蛋落下来。

通过照片看到，这些石蛋大小不等，有的像拳头般大小，有的则像磨盘一样大小。通过资料看到，这些石蛋呈青赤色，质地坚硬，体重大且不风化，石蛋上有类似树木年轮的圆形纹路。

这些石蛋是如何生成的呢？

对于石头下蛋的现象，世界各地的地质专家都先后前来考察，但没有得出一致的结论。有的地质学家认为，石头下蛋处于特殊的地质层上，在几亿年甚至更长的时间里，岩石由形成到不断运动挤压，由于特殊成分的差异而形成了石蛋；有的地质学家则认为，可能是形成石蛋的岩石与周围岩石成分不同，经过上亿年的运动变化后形成独立体，并逐渐从原岩石中脱离出来。有的地质学家则猜测，这些石蛋可能很久以前是特殊物质，经过长年累月的沉积和风沙、水流等地质变化的洗礼，体积慢慢变大，变成现在的石蛋。甚至有人猜测，在远古时代此地是一片汪洋，石蛋是海中的某种物质在沉积作用下形成的。

除此之外，还有很多其他的解释，但都因没有足够的证据而经不起推敲。

中国科学院地质与地球物理研究所许荣华教授认为，所谓的石蛋很有可能是一些二氧化硅①含量高的结核。在远古时代，这里是一片汪洋大海，海里

————————

① 二氧化硅：生活中常见的石英、石英砂等，主要成分都是二氧化硅，呈白色或者无色，用于制作玻璃、水玻璃、陶器、搪瓷、耐火材料等。

存在很多的二氧化硅胶体，这些二氧化硅在碱性的海水中溶解，随着水流的冲刷，汇集到这个地方。由于特殊的自然条件，海水为酸性并溶解二氧化硅胶体，使其大量从水中析出沉淀并且聚集成团，就形成了二氧化硅的结核。经过几亿年的地质变迁，当年的汪洋早已经成为了平地，海洋中的泥质包裹着二氧化硅结核，就形成了我们今天所见到的产蛋崖。同时由于泥质和二氧化硅结核的风化时间不同，前者风化得更快些，导致了泥质更快地被剥落，使其中包含的二氧化硅结核暴露，并最终掉落出来。

至于为何是蛋形，许教授认为，这和长年的海水冲刷有关系。海水冲刷将结核表面的棱角全都磨平，就好比我们日常见到的河里的鹅卵石一样，大部分都是光滑的圆形或椭圆形。

然而，关于具体的成因，依旧是一个谜团。

看了这些介绍以后，凯凯跃跃欲试，表示以后要努力学习地质方面的知识，早日解开这些未解之谜。

奇趣小知识：

在南美亚马逊河流域也有大小不等的石球，小的直径有一米或者几十厘米，大的直径达几米甚至几十米。这些石球的成因同样是未解之谜。

世界巨人——世界屋脊之谜

通过学习地理知识，凯凯知道了喜马拉雅山是世界第一高山。然而，尽管老师一直赞叹它的壮观，可凯凯却并不知道关于它的一些奥秘。

在古梵文中，喜马拉雅的意思是"雪的住所"，其平均海拔超过5000米。喜马拉雅山美丽的景色让人流连忘返，包括一些旅行家、探险家以及科学家，都对喜马拉雅山心驰神往。

可能有人会问，喜马拉雅山是如何形成的？为什么会在这里？这里以前是什么地质？是什么让它如此巨大？是什么让它如此之高？

关于这些，在当地还有个美丽的传说：

在很早很早以前，这里是一片无边无际的大海，海涛卷起波浪，搏击着长满松柏、铁杉和棕榈的海岸，发出哗哗的响声。森林之上，重山叠翠，云雾缭绕。森林里面长满各种奇花异草。成群的斑鹿和羚羊在奔跑，三五成群的犀牛迈着蹒跚的步伐，悠闲地在湖边饮水。杜鹃、画眉和百灵鸟在树梢头跳来跳去欢乐地唱着动听的歌曲，兔子无忧无虑地在嫩绿茂盛的草地上奔跑……这是一幅诱人的和平、安定图景。

有一天，海里突然来了头巨大的五头毒龙，把森林捣得乱七八糟，又搅起万丈浪花，摧毁了花草树木。生活在这里的飞禽走兽，都预感到灾难临头了。它们往东边跳，东边森林倾倒、草地淹没；它们又涌到西边，西边也是狂涛恶浪，打得谁也喘不过气来。正当飞禽走兽们走投无路的时候，突然，大海的上空飘来了五朵彩云，变成五位仙女，她们来到了海边，施展无边法力，降服了五头毒龙。

妖魔被征服了，大海也风平浪静，生活在这里的鹿、羚、猴、兔、鸟，对仙女顶礼膜拜，感谢她们的救命之恩。五位仙女想告辞回天庭，怎奈众生苦苦哀求，要求她们留在此间为众生造福。于是五仙女发慈悲之心，同意留下来与众生共享太平。

五位仙女喝令大海退去，于是，东边变成茂密的森林，西边是万顷良田，南边是花草茂盛的花园，北边是无边无际的牧场。那五位仙女，变成了喜马拉雅山脉的五个主峰，即翠颜仙女峰、祥寿仙女峰、贞慧仙女峰、冠咏仙女峰、施仁仙女峰，屹立在西南部边缘之上，守卫着这幸福的乐园。那为首的翠颜仙

雪怪

女峰便是珠穆朗玛，她就是今天的世界最高峰，当地人民都亲切地称之为"神女峰"。

当然，这是神话传说，并不是真实发生的事情。

地质学家经过研究，推断出喜马拉雅山是由大陆板块相互碰撞、挤压引起的。

约一亿八千万年前，整个欧亚大陆边缘南临古地中海海沟。古代南方的超级大陆"冈瓦纳古陆"裂开之后，几个板块状部分开始移动。印度次大陆从非洲南部分裂出来之后，在随后一亿年间向北撞去。古地中海海沟受到南面的印度和北面的亚洲大陆两面挤压，好像一把大钳子把它越钳越紧，无情的钳力继续增强，挤压力也随之增大。压皱了的沉积岩被迫从海底上升，填平以前的海道。

印度板块与欧亚大陆板块的大碰撞，在7000万至6500万年前那段时间内发生。尽管印度板块撞力极大，但为欧亚大陆板块所阻，印度板块于是向下楔入，以更大的力量陷入古地中海海沟。

在其后3000万年间，古地中海因为海底被陷入的印度板块推起，浅水部分逐渐见底。最后，古地中海的一部分成为西藏高原。高原南部边缘的西藏陆缘山脉，成为该地区的第一条主要分水岭。山脉高得足以构成"气候障壁"，使越来越大的暴雨降落在越来越陡峭的南山坡。

当然，以上只是一些推测，由于喜马拉雅山特殊的地理位置，导致那里气温极低，给考察增加了难度。要彻底弄清青藏高原构建过程，研究其地质环境、大气环流、生态系统等，还需要一个漫长的过程。

 奇趣小知识：

　　近年来发生的地震，其中就有大陆板块相互挤压形成的。由于人类的科技发展程度有限，还无法有效地预测地震。

无底深洞——神秘莫测的洞穴

世界上有很多奇异的洞穴，这些洞穴为人们津津乐道，但这些洞穴的奥秘依旧没有解开，今天，我们就来了解一下这些奇妙的洞穴。

1.逆温洞

温度越低结冰越厚，温度越高越不容易结冰，这是我们的常识。而四川省万县市巫山县红池坝却有一个逆温洞——夏天结冰，且温度越高结冰越厚。

只要当地气温超过摄氏15度，洞内就会结冰，温度越高结冰越厚。更加令人惊奇的是，一旦气温低于摄氏15度，洞内的冰则开始慢慢融化。温度越低，融化的速度越快。这一奇观一直被当地人津津乐道，但直到1994年3月，经过当地旅游局规划组的专家、教授考察才最终确定。

对于这种违反常识的现象，专家认为可能与洞穴岩层中超量的二氧化碳有关。

2.神医洞穴

伊宁市西北19公里的铁厂沟西山的火龙洞，具有健身治病的功效。关于这个洞穴，还有一个美丽的传说。传说150多年前，在荒无人烟的白云山上的许多裂缝中散发出缕缕烟雾。一些过路的歇息者、御寒者或好奇者，有意无意地往有热气的洞穴内钻，人们进入洞穴后，不仅解了乏，取了暖，而且惊奇地发现自身的陈年痼疾竟烟消云散了。于是，有关热气洞穴神奇的传说不胫而走，而且愈传愈神，这就是伊犁独特而神奇的火龙洞。

　　这个洞穴对于治疗关节炎、皮肤病、腰损伤、肺炎、风湿性心脏病、痔疮、月经不调、妇科疾病有神奇的疗效，当地的人们如果得了感冒伤寒，进来烤一烤，也能够不药而愈，实在是神奇极了。除此之外，食用洞中烤熟的羊肉串、蔬菜等烧烤食物，对治疗肠炎、胃热、胃痛等病症有着明显的效果，很多患者慕名而来。目前，这个洞穴治好的病人不计其数。

　　经过科学家的研究发现，该洞的沙中含有特殊的药用矿物质，对人体中的一些病症有特别的疗效。 至于这种药用矿物质的真实面目，目前还是未解之谜。

3.狮吼洞

狮吼功是武侠小说里面的江湖绝技，武林高手使用此武功，能够将人震成残废，威震江湖。你听说过狮吼洞吗？

在重庆市万县五桥区新乡镇的龙泉山脚下，有一个山洞，当地人称为龙洞，也称为狮吼洞。洞里经常发出一种奇怪的呼啸声，直到1997年下半年，这一现象才引起了很多人的关注。

经过地质学家考察发现，这个洞洞口不大，仅能够容纳一人进出，洞内面积约有100平方米，正中间有一个圆形的柱体，洞顶有很多钟乳石。一到了春夏涨水季节，洞内每隔十天半月就会有声音传出，每次持续四五分钟。据当地人介绍，这些吼声像狮子的吼叫，声音很大，能够传到周围一公里的地方。至于为什么会有响声，还没有彻底查证，无法知道原因。

4.烟鬼洞

在我们身边，经常能够看到一些吸烟爱好者，喜欢抽烟。但你听说过洞穴也会抽烟吗？

在委内瑞拉南部的一个洞穴，这个洞穴在每天上午的11点左右会喷烟，每次两个小时。

一直以来，这件事都引起世界各地很多人的关注，经过观察，该洞每天11点左右喷烟，误差不会超过10分钟，而且喷烟的持续时间和数量丝毫不差。直到现在，人们依旧没有弄清楚这件事的原因。

5.美乐洞

在广西融水苗族自治县有个古鼎山洞，从外观看来，这个洞没有奇怪之处，然后在洞里却有一个充满神秘色彩的龙潭湖。龙潭湖从外形上和普通的水潭并没有什么特别之处，然而就是这看似十分普通的小潭，却令人难以置信地发出悠扬悦耳的天籁之声，让人叹为观止。

对此，有一个美丽的传说，传说此潭是天上仙女梳妆所用的镜子，深潭的底部是龙宫所在，里面藏有一条龙，每两年出没一次。每当这条龙出没的时候，虾兵蟹将便会奏乐送迎。

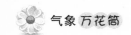

当然，这只是传说，是虚构的。这个山洞以及洞中的水潭很早就被人发现，在60年代曾出现过四次，之后销声匿迹了近20年。直至1986年1月，这里才重新发出美妙的声音。这声音由缓而急，由小而大，愈响愈烈，悠扬悦耳，就像高山流水一样轻柔，仿佛有一支庞大的民乐队在洞内的水潭上演奏。经当地人描述，音乐持续时间最长的一次竟然有60多小时，但过后又恢复了往日的宁静，静静地卧在幽深的山洞里。

曾经有探险者想弄清楚这件事情的原委，然而由于洞内的温度降低，且有强大的风，虽然进行多次努力，但最终还是没能突破那道看不见的屏障，被那强劲的洞风拒之门外，只好暂停水下探查。

6.变色温泉

变色龙的出现让人们大呼惊奇，你听说过洞穴中的泉水还会变色的吗？

在安徽黄山南部有一座温泉，泉水从朱砂峰和紫云峰顺势涌出，涌水泉眼多达12处之多，水温为41.5℃，其流量为每昼夜420吨左右。即便是常年干旱，这里也不会干涸；如果常年洪涝，也不会溢出来，十分奇特。温泉水质清洁，甘甜可口，长期饮用可达到保健功能，既可治病，又可作天然饮料。因此，当地人称之为"圣水"。

这还不足为奇，黄山温泉的奇特之处在于，每隔若干年水色变红，经七八天始清，这已成为千古奇观，吸引众多游人前来驻足观赏。

温泉变赤的原因十分复杂。有一种观点认为，热水从周围砂岩与黄山花岗岩体的石缝中涌出，岩石断层裂隙破坏了地下水的隔离层，地表染有红色的某些物质于是沿缝隙注入，在交叉错落的断层中随泉水涌出，形成赤溪。另一种观点认为，由于地壳剧烈运动，地下水上下翻腾，使沉睡地下多年的朱砂在大地的震撼中浊浮于泉水中。

黄山温泉溢红的原因众说不一，是尚待解开的自然之谜，也是黄山的奇观之一。

奇趣小知识：

　　在自然界中，我们经常见到神秘的景象——岩洞，制造这种美丽岩洞的"主角"是碳酸钙、二氧化碳和水，它们经过复杂的反应形成岩洞。

第七章　气象与人类密切相关

神通广大——呼风唤雨不是梦

在神话电视剧《西游记》中，孙悟空可谓神通广大、无所不能，尤其他那能随时呼风唤雨的本领更让人神往。

只不过，在现代社会，呼风唤雨已不再是个神话。随着科学技术的发展，孙悟空的本领已经成为了现实，比如呼风唤雨已经被人工降雨所取代。

气象学中，人工降雨是根据不同云层的特性，选择合适时机，通过一些高科技的手段，比如飞机、火箭向云中播撒干冰、碘化银、盐粉等催化剂，使云层降水或增加降水量，以解除或缓解农田干旱、增加水库的供水能力等。

世界上最早的人工降雨发生在1946年。

1946年，科学家文森特·谢弗尔创造了人工降雨的奇迹，从此人工降雨技术就在全世界推广开了。从梦想呼风唤雨到实现人工降雨，人类经历了一段漫长的历史时期，并为此付出了艰辛的代价。

1864年，随着科学的发展，美国人安德森第一次提出人工降雨的概念。

1890年，美国国会曾经拨款1万美元，利用火炮、火箭和气，在云中进行爆炸催云造雨的实验。因为条件不成熟，首次大规模的人工降雨以失败告终。

1918年，法国科学家们将装满液态气体的炮弹发射到空中，进行爆炸造雨。

1921年和1924年，美国哈尔森教授先后两次用飞机向云层播撒沙粒，试图促使云层碰撞而降雨。然而，这些人工造雨试验，最终都以失败而告终。

1946年7月，这是人工降雨具有划时代意义的时间，人类经过几十年的探索，人工降雨终于取得了初步的成功。

那天，天气异常炎热，由于实验装置出了故障，装有人工云的电冰箱里的温度一直降不下来，研究人员兰茂尔只好临时用固态二氧化碳（干冰）来降温。当他把一块干冰放进冰箱里时，奇迹出现了：水蒸气立即变成了许多小冰粒，在冰箱里盘旋飞舞，人工云化为了霏霏飘雪。这一奇特现象使兰茂尔明白尘埃微粒对降雨并非绝对必要，只要将温度降到零下40度以下，水蒸气就会变成冰而降落下来。

1946年的一天，一架飞机在云海上飞行，研究人员将干冰撒播在云层里，30分钟后就开始了降雨。第一次真正的人工降雨获得了成功。

后来，美国通用电气公司的本加特对这种人工降雨方法进行了改良，他用碘化银微粒取代干冰，使人工降雨更加简便易行。兰茂尔在1957年去世时，

终于满意地看到人工降雨已发展成为一项大规模的事业。

人工降雨的发明，标志着气象科学发展到了一个新的水平。

中国最早的人工降雨试验是在1958年，吉林省这年夏季遭受到60年未遇的大旱，人工降雨获得了成功。1987年在扑灭大兴安岭特大森林火灾中，人工降雨也发挥了重要作用。

 奇趣小知识：

　　人工降雨的炮弹弹片在高空爆炸后会化成不足30克，甚至只有两三克的碎屑降落地面，其所降落区域都是在此之前实验和测算好了的无人区，不会对人体造成伤害。同时，人工降雨已有一段历史，技术较为成熟，所以对人工降雨人们不必心存疑虑。

见名思义——与气象有关的国名

　　气象与人们的生活休戚相关，小到生活中的衣、食、住、行，大到国家的经济建设，都和气象有着紧密的关系。一些人的名字也和气象有着密切的关系，例如雨生、阳阳、朝霞等，这并不陌生。除此之外，一些国家或者地区的名称也与气象结下了不解之缘，这可能是鲜为人知的。这里来举出一些事例，使人们认识气象与人类的密切关系。

　　欧洲——太阳落山的地方。欧洲是欧罗巴洲的简称，在古代的闪米特族语言中，欧罗巴是"太阳落山"的意思。在约3000年前，闪米特人征服整个欧洲大陆，将地中海以西的地方称为欧罗巴，后来逐渐扩展而成今天所说的欧洲。

　　朝鲜——朝日鲜明之国。中国的邻居朝鲜的意思是"朝日鲜明"，因此有朝日鲜明之国、清晨之国或曦清亮之国的称呼。这在我国古代著作中的《东国舆地胜览》中有记载：国在东方，先受朝日之光鲜，故名朝鲜。而《朝鲜之歌》开头两句歌词："早晨的太阳光芒万道多鲜艳，我们的国家因此起名叫朝鲜"，这是朝鲜国家对自己的美好祝福。

　　黎巴嫩——白山之国。黎巴嫩是以黎巴嫩山命名的国家。黎巴嫩一词在希伯来语中是"白色的山岭"的意思。黎巴嫩山由石灰岩构成，呈现淡白色，且高山上又常年积有皑皑白雪。这"白色的山岭"的白色是指山上的积雪或山石的颜色。

　　吉布提——炽热的海滨之国。在阿法尔语中吉布提一词是"沸腾的蒸锅"

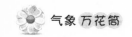
的意思，由此而引申出"炽热的海滨之国"的含义。因为吉布提气候酷热，全年平均气温达30℃，最高达46℃，而年平均降水量不到150毫米，沿海属热带沙漠气候，内地属热带草原气候，所以有此国名。

亚洲——太阳升起的地方。亚洲全称亚细亚洲。"亚细亚"一词来源于古代的闪米特族语言，在这种语言中，亚细亚是"太阳升起""东方日出"的意思。大约在4000年前，活动在东地中海沿岸的闪米特族腓尼基人擅长航海，给所到不少地方起了名字。他们以自己活动的地区为中心，把地中海以东的地方称亚细亚，后来逐渐流传成为亚洲的名称。

不丹——神龙之国。不丹人自称竺域，竺原意为龙，不丹人因此还称自己生息繁衍的地方为"神龙之国"或"雷龙之国"。不丹人对龙这种传说的动物非常崇敬，在不丹那面黄橙两色国旗的中央，就是一条张牙舞爪的巨龙。之所以会这样，与不丹地区的天气有关。每年五六月间，印度洋上的季风饱含着水汽，沿着孟加拉湾上溯，当它进入不丹南北并列的八条河谷后，向北去的去路被喜马拉雅山阻挡，霎时，雷鸣电闪，大雨滂沱，像千条蛟龙回到大海，似万丈飞瀑跌入深潭，"神龙之国"由此而得名。

埃塞俄比亚——被太阳晒黑了面孔的地方。在古希腊语中，埃塞俄比亚是"晒黑了的脸孔""黑面""被太阳晒黑的人聚居的地方"的意思。因为那里属黑色人种，面孔黝黑，古代人误认为是阳光照射造成的，所以称之为"埃塞俄比亚"。除此之外，埃塞俄比亚还有一个名字，"十三个月里阳光普照的国家"，这是因为埃塞俄比亚使用的历法和一般的历法不一样，它将每年分为13个月，前12个月每月30天，最后一个月仅5天。

非洲——没有寒冷的地方。在希腊语中，非洲是"没有寒冷"的意思。这种解释充分反映了非洲气候的特点，因为赤道横贯非洲热带。因此，尽管阿非利加一词的含义和由来还有一些解释，但按希腊语的这种解释是比较令人信服的。

沙特阿拉伯——幸福的沙漠。阿拉伯一词在阿拉伯语中即"沙漠"之意，而沙特一词为"幸福"之意，因此沙特阿拉伯即幸福的沙漠，这一国名是从1932年开始使用的。沙特阿拉伯境内平原和一部分高原为沙砾覆盖，沙漠面积占全国面积的一半，全国大部分地区又属热带沙漠气候，因此，称为"沙漠之国"也就不足为怪了。

冰岛——冰的陆地。冰岛的国名是欧洲国名中唯一采用意译的汉语名称，其意是冰的陆地，因其为岛国，故汉译成冰岛。冰岛终年低温，因此被称为"终年无夏的国家"，近八分之一的领土被冰川覆盖。此外，境内有200多座火山，其中包括30座活火山，所以冰岛人自称冰岛为"冰与火的国家"。

厄瓜多尔——赤道国。厄瓜多尔一词，在西班牙语中是"赤道"的意思，这是因为厄瓜多尔国处于赤道西侧而得名的。在首都基多北面24公里处建有赤道纪念碑。虽然赤道横穿厄瓜多尔，但厄瓜多尔并不酷热，除安第斯山东侧森林区属热带雨林气候而湿热闷人外，其他地区比较凉爽。

马拉维——火焰般闪光的国家。马拉维得名于马拉维湖，因该国位于马拉维湖畔，按契瓦语，马拉维是"火焰"或"闪光"意思，即指太阳照到马拉维湖上，湖面出现一片火焰般的闪光。16世纪时契瓦族酋长卡龙加用马拉维做国名，意思就是说他的国家是一个火焰般闪光的国家。马拉维湖占马拉维领土的四分之一，因此马拉维有"水乡之国"的称号。

洪都拉斯——无底深渊。洪都拉斯这个词，在西班牙语中意思为"深水""无底深渊"。这是因为哥伦布在南美洲东海岸航行时，发现这一带海特别深，水流湍急，又遇到连续28天的坏天气，狂风恶浪使他们难以靠岸，经过艰苦努力终于在一海角登上陆地。上岸后，哥伦布感慨地说："感谢上帝，使人我们终于跳出了无底深渊。"此后就将这块土地称为洪都拉斯。

智利——寒冷的土地。智利一词，在印加语中意为"雪"、"寒冷"。这是因为当印加帝国征服这部分国土时，感到这里与本国气候相比要寒冷得多，所以就称这块地方叫智利。也有的解释说，智利一词是由当地克丘亚语"奇里"衍化而来的，"奇里"意即"寒冷"。据传西班牙人在16世纪初到智利南部时，时值隆冬，到处听到克丘亚人说："奇里！奇里！"西班牙人误以为此地名叫奇里，于是把这里称为奇里，后来又衍化为"智利"。

奇趣小知识：

经常能够在天气预报上听到台风各种各样很好听的名字，这些名字来自为方便各国交流而由世界气象组织台风委员会制定的台风命名系统，由亚太地区的中国、柬埔寨、朝鲜、美国和越南等十四个国家和地区的成员组织各提供10个名字，经有关专门会议批准后循环使用。中国提供的名字是：龙王、玉兔、风神、杜鹃、海马、悟空、海燕、海神、电母和海棠。

气象战争——战场中的先锋

在我们的印象中，呼风唤雨、天女散花、飞沙走石只存在神话传说中，是那些神仙、妖怪具备的本领。然而，自从战争在人类历史上出现以来，气象就在战争中发挥着重要的作用，并经常成为影响战争过程和结果的至关重要的因素。

我国古代就有许多运用气象参与战争的事例，为人们耳熟能详的有诸葛亮巧借东风烧敌船、利用大雾成功草船借箭、关云长趁风雨大作之夜放水淹曹军等。

战争与气象的关系密不可分，天气作为战场环境的重要因素，常常成为影响战局的重要因素，一些高明的军事家甚至把气象作为一种"秘密武器"，创造出许多以少胜多、以弱胜强的著名战例。

下面，我们就列举近代或者现代史上受天气主导的战争事例。

1."恐怖的海市蜃楼"吓坏法军

1798年，法国狂热战争分子拿破仑亲自率领三万军队进攻埃及，决定速战速决。

在即将进入埃及境内时，拿破仑下令先锋部队偷袭埃及军队第一道防线的指挥所。两百多名士兵悄悄潜入埃及军队境地，行进过程中，突然看到前面有一片模糊的湖山景色，景物倒悬在空中，不一会儿，湖泊又消失得无影无踪，随后又看到草叶变成棕榈树丛。

这种变幻莫测的影像使法军的先锋部队惊慌失措，他们不知道这是什么现象。士兵们个个被吓得跪在地上祷告，求苍天保佑他们平安无事。

原来，这变幻莫测的影像，是当今人们已经很熟悉的"海市蜃楼"现象。而在古代无法解释的气象现象，把当时的法国军队吓了一大跳，以为灾难降临，是上帝在惩罚他们。

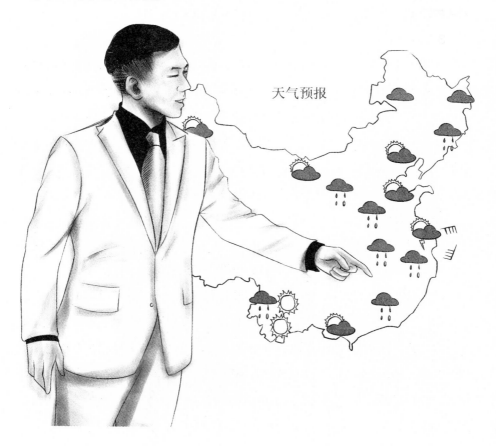

天气预报

2.错杀敌人

第二次世界大战期间，德国军队为了打赢气象站，悄悄命令一支十三人的队伍化装后赶赴北极冰川海口建立气象探测网。当他们千辛万苦登上北极冰川时，发现有数百只会飞的北极熊铺天盖地向他们袭来。这些人从未见过眼前的景象，在惊慌之中，他们急忙开枪向北极熊射击。然而，这些北极熊似乎不惧怕子弹，迟迟没有倒下。经过一小时激战，飞熊突然间消失不见了。这些士兵走到前方一看，发现遍地都是海鸥的尸体，士兵们发出疑问："难道飞熊突然变成海鸥？"

后来气象专家分析，这是在他们登陆之时，有一股密度较小的暖气流进入上空，上下空气密度差异较大，出现了海鸥变飞熊的视觉影像。开枪射击后，火药的硝烟弥漫搅乱了上下层空气，飞熊又变成海鸥。

3.风神不作美

在第一次世界大战期间的1915年4月，德军通过事先周密的气象观测与分析，据称当时风速为每秒两米至五米，遂利用吹向联军的微风天气，在位于佛兰德的伊普尔阵地施放毒气。这种残酷的手段起到了效果，联军纷纷溃退。

半个月之后，战事再次上演，德军因为前次得胜，想故伎重演，向联军所在的阵地再次施放毒气。然而，这一次却失手了。当毒气施放之后，风向突然发生了变化，大风吹向德军阵地。结果德军搬起石头砸自己的脚，伤亡惨重。

4.雪山血拼

1916年12月，第一次世界大战期间，意大利、奥地利两军为争夺战略要地阿尔卑斯山脉的一个山头，双方各派出数十万大军激战。

战争进行得如火如荼，当地突然连降三天大雪，并伴有八级以上的大风，山上积雪不断增厚，尤其是陡坡中的积雪更多。在这种情况下，双方面对厚厚的积雪不约而同地想到利用雪崩置对方于死地。此时，双方的指挥官停止炮击对方阵地，掉转炮口，向对方面前的雪峰狂轰。一阵炮击过后，只听见山崩地裂般轰隆声不断，雪峰溃塌了，似泥石流般的冰雪倾泻而下。结果这场人为制造的大雪崩，持续了48小时，致使双方死亡1.8万人。

5.酷暑气候灭日军五万

在抗日战争期间，我国的云南热带山林地区中，曾发生过利用气象武器，五万日军不战而亡的战例。

云南南部的热带雨林，新中国成立前是出名的烟瘴之地，其中以怒江、澜沧江、元江等地河谷瘴气最为严重。所谓的瘴气，是指热带山林酷暑蒸发的蒸汽，由于森林的茂密无法蒸发出去而导致的潮湿空气。潮湿的空气中，瘴气尤为盛行，同时湿热的气候条件又极利于蚊蝇孳生及多种病菌的传播。二战期间，日军十万兵力从缅甸进入我国云南，结果陷入一片无法逃脱的瘴气死亡之海，致使五万日军不战而亡。

奇趣小知识：

　　世界上最著名的因为气象改变战争走势发生在1812年，这一年拿破仑率领全部精兵60万进攻俄国。然而，俄国却出现了百年不遇的奇寒天气，拿破仑的军队因此出现严重的非战斗减员，最后只剩下两万余人，拿破仑仓皇逃走。

气象连着你和我

气象与我们的生活休戚相关，我们吃的食物、穿的衣服、住的房子、用的物品都与气象密切相关。可以说，我们的生活与气象密不可分。

近年来，气象灾害直接影响着我们的工作和生活。人们开始关注一个问题：气象给人类带来那么大灾害的原因是什么？其实原因很简单，是我们人类的活动导致了气象灾害。

2008年百年一遇的雪灾，2009年的特大暴雨……种种气象灾难降临人间，似乎都在预示着一个不好的结果——人类与气象的关系不再和谐。

以生活中的事情为例，你是否感觉到冬天不再那么寒冷？你是否感觉到夏天比往常更热？你是否感觉到狂风暴雨的天气比以往更频繁？你是否感觉到十年一遇、百年一遇的灾难正在变得频繁？这一切都是因为人类与气象不再和谐。

为什么会出现这种现象呢？其中一个不可忽视的问题是全球正在变暖。由于人类现代文明的进步，以前社会中从未出现的污染开始出现，大范围燃烧煤、油、天然气产生了大量的二氧化碳和甲烷进入大气层，这会直接使地球升温，使碳循环失衡，改变了地球生物圈的能量转换形式。

经过调查，地球在进入工业革命以来，大气中二氧化碳的含量增加了25%，远远超过科学家可能探测出来的过去18万年的历史记录，而且目前这一现象尚在加剧。

全球变暖的危害不容小视，它会造成冰川消融，海平面升高，导致海岸线生态群丧失，海水入侵沿海地下淡水层，造成海洋自然生态环境失衡、洪水泛滥、传染病多发等，最终危害的是人类这个大家庭。

气象问题逐渐引起了联合国的关注，1947年9月在美国华盛顿召开了世界各国气象局长会议，包括中国在内的45个国家出席了会议，会上讨论并通过了《世界气象组织公约》；同时，成立"世界气象组织"。按此规定，世界气象组织公约于1950年3月23日生效。1960年，世界气象组织决定将3月23日确定为世界气象日，并且每年围绕一个主题开展各种纪念活动。

世界气象组织不直接从事气象预报预测工作，主要是策划和制订一些国际间的气象和水文业务计划，对各国和各地区与气象有关的工作及国际合作进行协调和指导，并适当进行技术援助。

气象关系你我他，气象连着千万家！如今气象工作已不仅仅是为生产生活提供信息，而是涉及一个国家的安全和全球气候变化及生态环境的保护了。了解气象知识、关注气象变化，保护生态环境，我们每一个人都应该参与进来。

奇趣小知识：

生活中，经常能够听到"桃花雪"这个词，桃花雪是指三月飞雪，这个时候正赶上桃花盛开。不过，桃花雪很罕见，如果出现，会对各种水果的产量有致命的影响，因此，民间谚语有"三月里，桃花雪，各样果子收不多"的说法。